T0192742

Wissenschaftliche Reihe Fahrzeugtechnik Universität Stuttgart

Herausgegeben von
M. Bargende, Stuttgart, Deutschland
H.-C. Reuss, Stuttgart, Deutschland
J. Wiedemann, Stuttgart, Deutschland

Das Institut für Verbrennungsmotoren und Kraftfahrwesen (IVK) an der Universität Stuttgart erforscht, entwickelt, appliziert und erprobt, in enger Zusammenarbeit mit der Industrie, Elemente bzw. Technologien aus dem Bereich moderner Fahrzeugkonzepte. Das Institut gliedert sich in die drei Bereiche Kraftfahrwesen, Fahrzeugantriebe und Kraftfahrzeug-Mechatronik. Aufgabe dieser Bereiche ist die Ausarbeitung des Themengebietes im Prüfstandsbetrieb, in Theorie und Simulation.
Schwerpunkte des Kraftfahrwesens sind hierbei die Aerodynamik, Akustik (NVH), Fahrdynamik und Fahrermodellierung, Leichtbau, Sicherheit, Kraftübertragung sowie Energie und Thermomanagement – auch in Verbindung mit hybriden und batterieelektrischen Fahrzeugkonzepten.
Der Bereich Fahrzeugantriebe widmet sich den Themen Brennverfahrensentwicklung einschließlich Regelungs- und Steuerungskonzeptionen bei zugleich minimierten Emissionen, komplexe Abgasnachbehandlung, Aufladesysteme und -strategien, Hybridsysteme und Betriebsstrategien sowie mechanisch-akustischen Fragestellungen.
Themen der Kraftfahrzeug-Mechatronik sind die Antriebsstrangregelung/Hybride, Elektromobilität, Bordnetz und Energiemanagement, Funktions- und Softwareentwicklung sowie Test und Diagnose.
Die Erfüllung dieser Aufgaben wird prüfstandsseitig neben vielem anderen unterstützt durch 19 Motorenprüfstände, zwei Rollenprüfstände, einen 1:1-Fahrsimulator, einen Antriebsstrangprüfstand, einen Thermowindkanal sowie einen 1:1-Aeroakustikwindkanal.
Die wissenschaftliche Reihe „Fahrzeugtechnik Universität Stuttgart“ präsentiert über die am Institut entstandenen Promotionen die hervorragenden Arbeitsergebnisse der Forschungstätigkeiten am IVK.

Herausgegeben von

Prof. Dr.-Ing. Michael Bargende
Lehrstuhl Fahrzeugantriebe,
Institut für Verbrennungsmotoren und Kraftfahrwesen, Universität Stuttgart
Stuttgart, Deutschland

Prof. Dr.-Ing. Jochen Wiedemann
Lehrstuhl Kraftfahrwesen,
Institut für Verbrennungsmotoren und Kraftfahrwesen, Universität Stuttgart
Stuttgart, Deutschland

Prof. Dr.-Ing. Hans-Christian Reuss
Lehrstuhl Kraftfahrzeugmechatronik,
Institut für Verbrennungsmotoren und Kraftfahrwesen, Universität Stuttgart
Stuttgart, Deutschland

Weitere Bände in dieser Reihe http://www.springer.com/series/13535

Manuel Warwel

Systematische Modellbildung zur echtzeitfähigen beobachterbasierten Temperaturüberwachung von Wechselrichtern für Elektro- und Hybridfahrzeuge

Manuel Warwel
Stuttgart, Deutschland

Zugl.: Dissertation Universität Stuttgart, 2016

D93

Wissenschaftliche Reihe Fahrzeugtechnik Universität Stuttgart
ISBN 978-3-658-18180-2 ISBN 978-3-658-18181-9 (eBook)
DOI 10.1007/978-3-658-18181-9

Die Deutsche Nationalbibliothek verzeichnet diese Publikation in der Deutschen Nationalbibliografie; detaillierte bibliografische Daten sind im Internet über http://dnb.d-nb.de abrufbar.

Springer Vieweg

Gedruckt auf säurefreiem und chlorfrei gebleichtem Papier

Springer Vieweg ist Teil von Springer Nature
Die eingetragene Gesellschaft ist Springer Fachmedien Wiesbaden GmbH
Die Anschrift der Gesellschaft ist: Abraham-Lincoln-Str. 46, 65189 Wiesbaden, Germany

Vorwort

Die vorliegende Arbeit entstand im Rahmen des Promotionskollegs „Hybrid“ während meiner Tätigkeit als wissenschaftlicher Mitarbeiter an der Fakultät Mechatronik und Elektrotechnik der Hochschule Esslingen. Gefördert durch das Ministerium für Wissenschaft, Forschung und Kunst Baden-Württemberg wurde in Zusammenarbeit mit der Robert Bosch GmbH, Schwieberdingen, und dem Institut für Verbrennungsmotoren und Kraftfahrwesen der Universität Stuttgart an Methoden zur geeigneten Temperaturüberwachung von Wechselrichtern für Elektro- und Hybridfahrzeuge gearbeitet.

Mein besonderer Dank gilt Herrn Prof. Dr.-Ing. Gerd Wittler und Herrn Prof. Dr.-Ing. Christian Reuss. Durch ihre fachliche Unterstützung haben sie sehr zum Gelingen dieser Arbeit beigetragen. Herrn Prof. Dr.-Ing. Arnold Kistner danke ich für die freundliche Übernahme des Mitberichts.

Frau Dr. rer. nat. Michèle Hirsch von der Robert Bosch GmbH danke ich für die sehr gute Zusammenarbeit und die Unterstützung im Unternehmen. Die unzähligen fachlichen Diskussionen haben immer wieder zu neuen Ideen und Denkanstößen geführt. Des Weiteren möchte ich mich bei allen GS-EH Mitarbeitern und Studenten bedanken, die mich während meiner Arbeit unterstützt haben, insbesondere Andreas Echle und Thomas Korb, die mit ihren Abschlussarbeiten einen nützlichen Beitrag zu dieser Arbeit geleistet haben.

Ein ganz herzlicher Dank gebührt Frau Isabell Rabe für ihren Rückhalt und die stetige Unterstützung in den letzten Jahren.

Zu guter Letzt möchte ich meiner Familie danken, meinen Eltern Jürgen und Monika Warwel und meinem Bruder Timo Warwel, die mich immer begleitet und unterstützt haben.

Ludwigsburg Manuel Warwel

Inhaltsverzeichnis

Abbildungsverzeichnis

Tabellenverzeichnis

Abkürzungsverzeichnis

AC	Wechselstrom
BM	Belastungsmaschine
BWR	Belastungswechselrichter
CFD	Computational Fluid Dynamics
DC	Gleichstrom
EM	elektrische Maschine
FEM	Finite Element Methode
IGBT	Insulated Gate Bipolar Transistor
KA	Kühlaggregat
KW	Kühlwasser
MOR	Modellordnungsreduktion
PWM	Pulsweitenmodulation
PWR	Pulswechselrichter
RL	Rücklauf
S_i	Leistungsschalter eine Halbbrücke
VL	Vorlauf

Symbolverzeichnis

Formelzeichen	
$0_{i,j}$	Nullmatrix mit i Zeilen und j Spalten
α	Wärmeübergangskoeffizient
A	Dynamikmatrix des allgemeinen Zustandsraummodells
A_d	zeitdiskrete Dynamikmatrix
$A_{P1,d}$	von p_1 abhängige zeitdiskrete Teilmatrix bei parameteraffinen Darstellung
$A(p)$	parameterabhängige Dynamikmatrix
A_{Pi}	von Parameter p_i abhängige Matrix bei parameteraffinen Darstellung der Dynamikmatrix
$A_{bsp,sl}$	Dynamikmatrix des Beispielmodells ohne Sensor
$A_{bsp,ges}$	Dynamikmatrix des vollständigen Beispielmodells
A_{TM}	Dynamikmatrix des allgemeinen Temperaturmodells
$A_{HB,aV}$	Dynamikmatrix des Halbbrückenmodells bei asymmetrischen Verlusten
$A_{P1,d}$	von p_1 abhängige, zeitdiskrete Dynamikmatrix
$A_{HB,sV}$	Dynamikmatrix des Halbbrückenmodells bei symmetrischen Verlusten
$A_{VB,aV}$	Dynamikmatrix des Vollbrückenmodells bei asymmetrischen Verlusten
$A_{VB,sV}$	Dynamikmatrix des Vollbrückenmodells bei symmetrischen Verlusten
$A_{HB,aV,vV}(p_1)$	parameterabhängige Dynamikmatrix des Halbbrückenmodells bei asymmetrischen Verlusten und variablem Volumenstrom
$A_{HB,sV,vV}(p_1)$	parameterabhängige Dynamikmatrix des Halbbrückenmodells bei symmetrischen Verlusten und variablem Volumenstrom
$A_{VB,aV,vV}(p_1,p_2)$	parameterabhängige Dynamikmatrix des Vollbrückenmodells bei asymmetrischen Verlusten und variablem Volumenstrom
$A_{VB,sV,vV}(p_1,p_2)$	parameterabhängige Dynamikmatrix des Vollbrückenmodells bei symmetrischen Verlusten und variablem Volumenstrom

Formelzeichen

$A_{HB,aV,P1}$	von p_1 abhängige Teilmatrix von $A_{HB,aV,vV}(p_1)$
$A_{HB,sV,P1}$	von p_1 abhängige Teilmatrix von $A_{HB,sV,vV}(p_1)$
$A_{VB,aV,P1}$	von p_1 abhängige Teilmatrix von $A_{VB,aV,vV}(p_1,p_2)$
$A_{VB,aV,P2}$	von p_2 abhängige Teilmatrix von $A_{VB,aV,vV}(p_1,p_2)$
$A_{VB,sV,P1}$	von p_1 abhängige Teilmatrix von $A_{VB,sV,vV}(p_1,p_2)$
$A_{VB,sV,P2}$	von p_2 abhängige Teilmatrix von $A_{VB,sV,vV}(p_1,p_2)$
B	Eingangsmatrix des allgemeinen Zustandsraummodells
B_d	zeitdiskrete Eingangsmatrix
B_{TM}	Eingangsmatrix des allgemeinen Temperaturmodells
$B_{bsp,sl}$	Eingangsmatrix des Beispielmodells ohne Sensor
$B_{bsp,ges}$	Eingangsmatrix des vollständigen Beispielmodells
$B_{HB,aV}$	Eingangsmatrix des Halbbrückenmodells bei asymmetrischen Verlusten
$B_{HB,sV}$	Eingangsmatrix des Halbbrückenmodells bei symmetrischen Verlusten
$B_{VB,aV}$	Eingangsmatrix des Vollbrückenmodells bei asymmetrischen Verlusten
$B_{VB,sV}$	Eingangsmatrix des Vollbrückenmodells bei symmetrischen Verlusten
C	Ausgangsmatrix des allgemeinen Zustandsraummodells
C_d	zeitdiskrete Ausgangsmatrix
C_{TM}	Ausgangsmatrix des allgemeinen Temperaturmodells
$C_{bsp,sl}$	Ausgangsmatrix des Beispielmodells ohne Sensor
$C_{bsp,ges}$	Ausgangsmatrix des vollständigen Beispielmodells
$C_{HB,aV}$	Ausgangsmatrix des Halbbrückenmodells bei asymmetrischen Verlusten
$C_{HB,sV}$	Ausgangsmatrix des Halbbrückenmodells bei symmetrischen Verlusten
$C_{HB,aV,red}$	reduzierte Ausgangsmatrix des Halbbrückenmodells bei asymmetrischen Verlusten
$C_{HB,sV,red}$	reduzierte Ausgangsmatrix des Halbbrückenmodells bei symmetrischen Verlusten
$C_{VB,aV}$	Ausgangsmatrix des Vollbrückenmodells bei asymmetrischen Verlusten
$C_{VB,sV}$	Ausgangsmatrix des Vollbrückenmodells bei symmetrischen Verlusten
D	Durchgriffsmatrix des allgemeinen Zustandsraummodells

Formelzeichen	
D_{TM}	Durchgriffsmatrix des allgemeinen Temperaturmodells
$e, e(t)$	Vektor des Beobachterfehlers, zeitkontinuierlich
f_{el}	elektrische Frequenz des Ausgangsstroms
f_g	elektrische Grenzfrequenz
$G_{i,j}$	thermische Leitwert zwischen den Temperaturknoten i und j
G_i^S	Summe aus thermischen Leitwerten für Knoten i
G_{aV}^S	Summe aus thermischen Leitwerten für Kühlwasserknoten bei asymmetrischen Verlusten
G_{sV}^S	Summe aus thermischen Leitwerten für Kühlwasserknoten bei symmetrischen Verlusten
$G_{aV}^{p_1 S}$	parameterabhängige Summe aus thermischen Leitwerten für Kühlwasserknoten bei asymmetrischen Verlusten
$G_{sV}^{p_1 S}$	parameterabhängige Summe aus thermischen Leitwerten für Kühlwasserknoten bei symmetrischen Verlusten
$G_{aV}^{p_1 p_2 S}$	parameterabhängige Summe aus thermischen Leitwerten für Kühlwasserknoten bei asymmetrischen Verlusten
$G_{sV}^{p_1 p_2 S}$	parameterabhängige Summe aus thermischen Leitwerten für Kühlwasserknoten bei symmetrischen Verlusten
G_{fl}	thermische Leitwert in Flussrichtung des Kühlwassers
G_{HB}	thermische Leitwert zwischen Kühler und Kühlwasser im allgemeinen Kühlwasserknotenmodell
$g_{bsp,sl}$	Vektor mit thermischen Leitwerten des Beispielmodells ohne Sensor
g_{TM}	Vektor mit thermischen Leitwerten des allgemeinen Temperaturmodells
$g_{HB,aV}$	Vektor mit thermischen Leitwerten des Halbbrückenmodells bei asymmetrischen Verlusten
$g_{HB,sV}$	Vektor mit thermischen Leitwerten des Halbbrückenmodells bei symmetrischen Verlusten
$g_{HB,aV}^T$	Transponierter Vektor von $g_{HB,aV}$
$g_{HB,sV}^T$	Transponierter Vektor von $g_{HB,sV}$
$G_{HB,aV}^D$	Diagonalmatrix von $g_{HB,aV}$
$G_{HB,sV}^D$	Diagonalmatrix von $g_{HB,sV}$
$G_{bsp,sl}^D$	Diagonalmatrix von $g_{bsp,sl}$
G_{TM}^D	Diagonalmatrix von g_{TM}
I	Stromstärke

Formelzeichen

I_{max}	maximale Stromstärke
I_i	Einheitsmatrix der Dimension i
J_{beob}	Kostenfunktional des Beobachterfehlers
J_{ident}	Kostenfunktional des Identifikationsfehlers
K_i	thermische Kapazität des Temperaturknotens i
K_{KW}	thermische Kapazität eines Kühlwassertemperaturknotens im allgemeinen Kühlwasserknotenmodell
k_{TM}	Vektor mit thermischen Kapazitäten des allgemeinen Temperaturmodells
$k_{bsp,sl}$	Vektor mit thermischen Kapazitäten des Beispielmodells ohne Sensor
$k_{HB,aV}$	Vektor mit thermischen Kapazitäten des Halbbrückenmodells bei asymmetrischen Verlusten
$k_{HB,sV}$	Vektor mit thermischen Kapazitäten des Halbbrückenmodells bei symmetrischen Verlusten
$k_{VB,aV}$	Vektor mit thermischen Kapazitäten des Vollbrückenmodells bei asymmetrischen Verlusten
$k_{VB,sV}$	Vektor mit thermischen Kapazitäten desVollbrückenmodells bei symmetrischen Verlusten
$K_{bsp,sl}^{-D}$	inverse Diagonalmatrix von $k_{bsp,sl}$
K_{TM}^{-D}	inverse Diagonalmatrix von k_{TM}
$K_{bsp,sl}^{D}$	Diagonalmatrix von $k_{bsp,sl}$
$K_{HB,aV}^{-D}$	inverse Diagonalmatrix von $k_{HB,aV}$
$K_{HB,sV}^{-D}$	inverse Diagonalmatrix von $k_{HB,sV}$
$K_{VB,aV}^{-D}$	inverse Diagonalmatrix von $k_{VB,aV}$
$K_{VB,sV}^{-D}$	inverse Diagonalmatrix von $k_{VB,sV}$
L	Rückführmatrix des Beobachters
$L_{HB,sV}$	Rückführmatrix des Halbbrückenbeobachters bei symmetrischen Verlusten
$L_{VB,sV}$	Rückführmatrix des Vollbrückenbeobachters bei symmetrischen Verlusten
L_d	zeitdiskrete Rückführmatrix
$M^{a \times b}$	Matrix mit den Dimensionen $a \times b$
n	Systemdimension des allgemeinen Zustandsraummodells
n_{TM}	Systemdimension des allgemeinen Temperaturmodells
n_a	Anzahl aktiver Zustände des allgemeinen Temperaturmodells

Formelzeichen	
n_s	Sensorenanzahl des allgemeinen Temperaturmodells
n_z	Anzahl zusätzlicher Zustände des allgemeinen Temperaturmodells
m	Anzahl Eingänge des allgemeinen Zustandsraummodells
O	Beobachtbarkeitsmatrix, allgemein
$O_{HB,sV,vV}(p_1)$	parameterabhängige Beobachtbarkeitsmatrix aus $C_{HB,sV,vV}$ und $A_{HB,sV,vV}(p_1)$
$O_{VB,sV,vV}(p_1,p_2)$	parameterabhängige Beobachtbarkeitsmatrix aus $C_{VB,sV,vV}$ und $A_{VB,sV,vV}(p_1)$
P	Verlustleistung
P_{max}	maximale Verlustleistung eines einzelnen Halbleiters
P_i	Verlustleistung des Knotens i
P_{IGBT}	Verlustleistung des IGBTs im Beispielmodell
$P_{IGBT,stat}$	stationäre Verlustleistung des IGBTs im Beispielmodell
$P_{IGBT,sV}$	Verlustleistung des IGBTs bei symmetrischen Verlusten
$P_{IGBT,HS}$	Verlustleistung des HighSide-IGBTs
$P_{IGBT,LS}$	Verlustleistung des LowSide-IGBTs
P_{Diode}	Verlustleistung der Diode im Beispielmodell
$P_{Diode,stat}$	stationäre Verlustleistung der Diode im Beispielmodell
$P_{Diode,HS}$	Verlustleistung der HighSide-Diode
$P_{Diode,LS}$	Verlustleistung der LowSide-Diode
p	allgemeiner Parametervektor
p_1	Parameter zur Skalierung des Wärmeübergangs Kühler-Kühlwasser
p_2	Parameter zur Skalierung des Wärmeleitwerte in Flussrichtung des Kühlwassers
$Q_{i,j}$	Wärmefluss von Temperaturknoten i zu j
$Q_{Flussrichtung}$	Wärmefluss in Flussrichtung des Kühlwassers
r	Anzahl Ausgänge des allgemeinen Zustandsraummodells
$\mathbb{R}$	Menge der reellen Zahlen
ΔT	oszillatorischer Temperaturanteil
ΔT_g	Grenzwert für Temperaturamplitude
ΔT_{max}	maximaler oszillatorischer Temperaturanteil
T_i	Temperatur des Knoten i
T_{IGBT}	Temperatur des IGBTs im Beispielmodell
$T_{IGBT,sV}$	Temperatur des IGBTs bei symmetrischen Verlusten
$T_{unterIGBT}$	Temperatur unterhalb des IGBTs, allgemein

Formelzeichen

$T_{IGBT,HS}$	Temperatur des HighSide-IGBTs
$T_{IGBT,LS}$	Temperatur des LowSide-IGBTs
T_{Diode}	Temperatur der Diode im Beispielmodell
$T_{Diode,sV}$	Temperatur der Diode bei symmetrischen Verlusten
$T_{unterDiode}$	Temperatur unterhalb der Diode, allgemein
$T_{Diode,HS}$	Temperatur der HighSide-Diode
$T_{Diode,LS}$	Temperatur der LowSide-Diode
$T_{Kühlerzentrum}$	Temperatur des Kühlerzentrums
T_{KW}	Temperatur des Kühlwassers, allgemein
T_{HB}	Halbbrückentemperatur im allgemeinen Kühlwasserknotenmodell
$T_{KW,Ein}$	Einlasstemperatur des Kühlwassers
T_{max}	maximale Temperatur
T_{min}	minimale Temperatur
$T_{HL,stat}$	stationäre Halbleiter-Temperatur
T_{stat}	stationäre Temperatur
T_{Sensor}	Temperatur des Sensors
$T_{Zufluss}$	Temperatur des Kühlwasserzufluss im allgemeinen Kühlwasserknotenmodell
t	Zeit
τ	Spannungsabfall von Kollektor nach Emitter
U_{ce}	Zeitkonstante
U_{dc}	Gleichspannungsquelle
$u, u(t)$	Eingangsvektor des allgemeinen Zustandsraummodells
$u(k)$	Eingangsvektor zum Zeitpunkt k, zeitdiskret
u_{TM}	Eingangsvektor des allgemeinen Temperaturmodells
$u_{bsp,ges}, u_{bsp,sl}$	Eingangsvektor des Beispielmodells
$u_{bsp,sl,stat}$	stationärer Eingangsvektor des Beispielmodells
$u_{HB,aV}$	Eingangsvektor des Halbbrückenmodells bei asymmetrischen Verlusten
$u_{HB,sV}$	Eingangsvektor des Halbbrückenmodells bei symmetrischen Verlusten
$u_{VB,aV}$	Eingangsvektor des Vollbrückenmodells bei asymmetrischen Verlusten
V_{TM}	Verlustmatrix des allgemeinen Temperaturmodells
$V_{bsp,sl}$	Verlustmatrix des Beispielmodells ohne Sensor

Formelzeichen	
$V_{HB,aV}$	Verlustmatrix des Halbbrückenmodells bei asymmetrischen Verlusten
$V_{HB,sV}$	Verlustmatrix des Halbbrückenmodells bei symmetrischen Verlusten
$V_{HB,aV,red}$	reduzierte Verlustmatrix des Halbbrückenmodells bei asymmetrischen Verlusten
$V_{HB,sV,red}$	reduzierte Verlustmatrix des Halbbrückenmodells bei symmetrischen Verlusten
$\dot{V}_{KW,ist}$	momentaner Kühlwasservolumenstrom
$\dot{V}_{KW,nom}$	nominaler Kühlwasservolumenstrom
W	Gewichtsmatrix
ω	Kreisfrequenz
$\Delta x_{ident,sl}$	Abweichung zwischen $x_{bsp,sl}$ und $x_{FEM,sl}$
$x_{FEM,sl}$	Zustandsvektor der FEM-Simulation des Beispielsystems ohne Sensor
$x, x(t)$	Zustandsvektor des allgemeinen Zustandsraummodells
$\hat{x}$	geschätzter Zustandsvektordes allgemeinen Zustandsraummodells
$\hat{x}(k)$	geschätzter Zustandsvektor zum Zeitpunkt k
x_{TM}	Zustandsvektor des allgemeinen Temperaturmodells
$x_{bsp,sl}$	Zustandsvektor des Beispielmodells ohne Sensor
$x_{bsp,sl,stat}$	stationärer Zustandsvektor des Beispielmodells ohne Sensor
$x_{bsp,ges}$	Zustandsvektor des vollständigen Beispielmodells
$x_{HB,aV}$	Zustandsvektor des Halbbrückenmodells bei asymmetrischen Verlusten
$x_{HB,sV}$	Zustandsvektor des Halbbrückenmodells bei symmetrischen Verlusten
$x_{HB,aV,red}$	reduzierter Zustandsvektor des Halbbrückenmodells bei asymmetrischen Verlusten
$x_{HB,sV,red}$	reduzierter Zustandsvektor des Halbbrückenmodells bei symmetrischen Verlusten
$x_{VB,aV}$	Zustandsvektor des Vollbrückenmodells bei asymmetrischen Verlusten
$x_{VB,sV}$	Zustandsvektor des Vollbrückenmodells bei symmetrischen Verlusten

Formelzeichen

$x_{HB,aV,vV}$	Zustandsvektor des Halbbrückenmodells bei asymmetrischen Verlusten und variablem Volumenstrom
$x_{HB,sV,vV}$	Zustandsvektor des Halbbrückenmodells bei symmetrischen Verlusten und variablem Volumenstrom
$x_{VB,aV,vV}$	Zustandsvektor des Vollbrückenmodells bei asymmetrischen Verlusten und variablem Volumenstrom
$x_{VB,sV,vV}$	Zustandsvektor des Vollbrückenmodells bei symmetrischen Verlusten und variablem Volumenstrom
$\hat{x}_{HB,sV,vV}$	geschätzter Zustandsvektor des Halbbrückenmodells bei symmetrischen Verlusten und variablem Volumenstrom
$\hat{x}_{VB,sV,vV}$	geschätzter Zustandsvektor des Vollbrückenmodells bei symmetrischen Verlusten und variablem Volumenstrom
x_{St}	Störgröße
$\hat{x}, \hat{x}(t)$	geschätzter Zustandsvektor des allgemeinen Beobachters
Y_{TM}	Knotenadmittanzmatrix des allgemeinen Temperaturmodells
$Y_{HB,aV}$	Knotenadmittanzmatrix des Halbbrückenmodells bei asymmetrischen Verlusten
$Y_{HB,sV}$	Knotenadmittanzmatrix des Halbbrückenmodells bei symmetrischen Verlusten
$Y^{G}_{HB,sV}$	Knotenadmittanzmatrix $Y_{HB,sV}$ abzüglich $G^{D}_{HB,sV}$
$Y^{G}_{HB,aV}$	Knotenadmittanzmatrix $Y_{HB,aV}$ abzüglich $G^{D}_{HB,aV}$
$Y^{p_1G}_{HB,sV}$	Knotenadmittanzmatrix $Y_{HB,sV}$ abzüglich $p_1 G^{D}_{HB,sV}$
$Y^{p_1G}_{HB,aV}$	Knotenadmittanzmatrix $Y_{HB,aV}$ abzüglich $p_1 G^{D}_{HB,aV}$
$y, y(t)$	Ausgangsvektor des allgemeinen Zustandsraummodells
$y_{bsp,sl}$	Ausgangsvektor des Beispielmodells ohne Sensor
y_{TM}	Ausgangsvektor des allgemeinen Temperaturmodells
$y_{HB,aV}$	Ausgangsvektor des Halbbrückenmodells bei asymmetrischen Verlusten
$y_{HB,sV}$	Ausgangsvektor des Halbbrückenmodells bei symmetrischen Verlusten
$y_{VB,aV}$	Ausgangsvektor des Vollbrückenmodells bei asymmetrischen Verlusten
$y_{VB,sV}$	Ausgangsvektor des Vollbrückenmodells bei symmetrischen Verlusten
$y_{HB,aV,vV}$	Ausgangsvektor des Halbbrückenmodells bei asymmetrischen Verlusten und variablem Volumenstrom

Formelzeichen

$y_{HB,sV,vV}$	Ausgangsvektor des Halbbrückenmodells bei symmetrischen Verlusten und variablem Volumenstrom
$y_{VB,aV,vV}$	Ausgangsvektor des Vollbrückenmodells bei asymmetrischen Verlusten und variablem Volumenstrom
$y_{VB,sV,vV}$	Ausgangsvektor des Vollbrückenmodells bei symmetrischen Verlusten und variablem Volumenstrom
$\hat{y}, \hat{y}(t)$	geschätzter Ausgangsvektor des allgemeinen Beobachters
$y(k)$	gemessener Ausgangsvektor zum Zeitpunkt k, zeitdiskret
z	Vektor für Störgrößeneinfluss des allgemeinen Zustandsraummodells

Kurzfassung

Die Zuverlässigkeit und Lebensdauererwartung von Wechselrichtern in Elektro- und Hybridfahrzeugen ist maßgeblich abhängig von der Belastung der Leistungshalbleiter. Einen sehr großen Einfluss auf die Alterung und Degradation von Transistoren und Dioden bilden die anfallenden Verlustleistungen, bzw. die daraus resultierenden thermischen Belastungen. Ein wichtiges Thema für den Eigenschutz des Wechselrichters ist folglich eine echtzeitfähige Überwachung der, je nach Betriebszustand, hochdynamischen Temperaturverläufe.

Fokus der vorliegenden Arbeit ist eine systematische Modellbildung zur echtzeitfähigen beobachterbasierten Temperaturüberwachung eines dreiphasigen Wechselrichters. Ausgehend von nur einem Temperatursensor je Halbbrückenmodul werden unterschiedliche Modelle entwickelt, die sich zur Schätzung der nichtmessbaren Halbleiter- und Kühlwassertemperaturen eignen. Die Modelle unterscheiden sich bezüglich ihrer Fähigkeit gegenüber ungleichmäßig verteilten Verlustleistungen, variablem Kühlwasservolumenstrom und ob eine Erweiterung zur Schätzung von Ein- und Auslasstemperatur des Kühlwassers erforderlich ist. Jede Erweiterung ist verbunden mit einer Erhöhung des Rechenaufwands innerhalb des Steuergeräts. Demnach sollte die Temperaturmodellierung so umfangreich wie nötig, aber so kompakt wie möglich sein.

Das Ergebnis der Arbeit wird durch einen modularen Modellbaukasten beschrieben, der eine sehr flexible Möglichkeit eröffnet, diesem Anspruch gerecht zu werden.

Abstract

Reliability and lifetime of a power converter for electric and hybrid electric vehicles strongly correlate to the health of its power semiconductors. A major influence on aging and degradation of transistors and diodes are the power losses and the resulting thermal stresses. Therefore real-time temperature monitoring of the highly dynamic temperature profiles is a very important topic regarding self-protection of the component.

This thesis focuses on a systematic approach to derive thermal models, which can be used for observer based temperature monitoring of three phase voltage converters. Assuming only one temperature sensor per half-bridge module, multiple models are developed to estimate the non-measurable junction and coolant temperatures. The models can be categorized regarding the load distribution, adaption for variable coolant flow rate and whether the model has an extension to estimate coolant inlet and outlet temperature. However, every extension of the model results in an increase of complexity and therefore in an increase of the computational effort. Hence, to model as compact as possible is another requirement that has to be met.

The result of this thesis is a modular construction kit for thermal modeling of power converters, which offers a very flexible method to meet this objective.

1 Einleitung

Die europäische Union hat sich zum Ziel gesetzt, den CO_2-Ausstoß bis zum Jahr 2020 gegenüber 1990 um mindestens 20 % zu reduzieren [77]. In Deutschland verursacht der Verkehr ca. 18 % aller CO_2-Emissionen und belegt damit Platz 2 hinter der Energiewirtschaft mit 42 % (Stand 2013 [76]). Eine besonders wichtige Maßnahme zur Verminderung von CO_2-Emissionen ist daher die europaweite Begrenzung des CO_2-Ausstoßes von Neuwagen auf durchschnittlich 95 $\frac{g}{km}$ [77], welche die Automobilhersteller zur Entwicklung neuer, zukunftsorientierter Konzepte zwingt. Zwar ist der verbrennungsmotorbasierte Antriebsstrang dem Elektroantrieb heute noch technisch und ökonomisch überlegen [41], allerdings deutet sich nach mehr als 100 Jahren Entwicklungsgeschichte eine technologische Zeitwende an [23]. Es zeigt sich, dass Elektromobilität ein Schlüssel zur klimafreundlichen Umgestaltung der Mobilität ist [27] und zunehmend an Bedeutung gewinnt [47]. So hat es sich Deutschland zum Ziel gemacht, dass bis 2020 eine Million Elektrofahrzeuge auf Deutschlands Straßen fahren sollen [62].

Hybrid-, Batterie- und Brennstoffzellenfahrzeuge bieten große Potenziale zur Reduzierung von CO_2- und lokalen Schadstoffemissionen [23], wobei Hybdridfahrzeuge als Vorstufe für reine Elektrofahrzeuge betrachtet werden [39]. Während Batterie- und Brennstoffzellenfahrzeuge ausschließlich elektrisch angetrieben werden, kombinieren Hybridfahrzeuge einen konventionellen Antriebsstrang, bestehend aus Verbrennungsmotor und Kraftstofftank, mit einem oder mehreren elektrischen Antriebssträngen [39]. Für die genannten Fahrzeugtypen setzt sich der elektrische Antriebsstrang aus Hochvoltbatterie, Leistungselektronik und elektrischer Maschine zusammen [39, 47]. Dabei dient die Hochvoltbatterie als Energiespeicher und die elektrische Maschine als elektromechanischer Wandler, der die elektrische Energie in Bewegungsenergie zum Antrieb des Fahrzeugs umwandelt [67]. Das wichtige Verbindungselement des elektrischen Antriebsstrangs bildet der Wechselrichter, der ein Teil der Leistungselektronik ist [52]. Seine Aufgabe ist die bidirektionale Energiewandlung zwischen Hochvoltbatterie (Gleichstrom) und elektrischer Maschine (Wechselstrom). Im motorischen Betriebszustand, wenn der elektrische Antriebsstrang das Fahrzeug antreibt, setzt der Wechselrichter die Gleichspannung der Hochvoltbatterie in Wechselspannung zur Ansteuerung der elektrischen Maschine um [66]. Zum Laden der Hochvoltbatterie kann die elektrische Maschine auch generatorisch betrieben werden. Dann werden die Wechselgrößen mit Hilfe des Wechselrichters in Gleichgrößen umgesetzt [66].

In aktuellen Wechselrichtern werden Siliziumhalbleiter in einzelnen Halbbrückenmodulen verwendet, die abhängig vom gewünschten Betriebszustand in einem vorgegebenen Pulsmuster angesteuert werden [86]. Beim Betrieb der Halbleiter, Transistoren und Dioden entstehen Verlustleistungen, die in Form von Wärme abgegeben werden. Dem hohen Wirkungsgrad, überlicherweise besser als 90% [44], stehen dabei die hohe Leistung von bis zu 100 kW [30] und die kompakte Bauweise gegenüber, was zu einer hohen (Verlust-)Leistungsdichte führt [57]. Trotz des Einsatzes von Wasserkühlung sind die Halbleiter starken Erwärmungen ausgesetzt und müssen im Fahrzeugbetrieb gegenüber kritischen Überlastfällen, welche im schlimmsten Fall zum Ausfall der Komponente führen können, geschützt werden. Die Überwachung der relevanten Temperaturen gehört daher zu den wichtigsten Aufgaben im Kontext des Komponenteneigenschutzes und der Lebensdauerzuverlässigkeit [65]. Gleichzeitig sollten Kosten und Aufwand der Temperaturüberwachung möglichst gering gehalten werden.

Der in dieser Arbeit betrachtete Ansatz zur Temperaturüberwachung ist eine beobachterbasierte Temperaturschätzung. Hierzu werden die relevanten Halbleiter- und Kühlwassertemperaturen mit Hilfe von Modellen abgebildet, wobei die Modelle der echtzeitfähigen Simulation des thermischen Verhaltens innerhalb des Steuergeräts dienen. Die verfügbaren Sensorinformationen werden zur Korrektur der Simulation herangezogen und ermöglichen dadurch eine deutlich präzisere Schätzung der relevanten Temperaturen. Ein weiterer Vorteil ist, dass bei nur wenigen gemessenen Temperaturen eine deutlich größere Anzahl weiterer Temperaturen mitberechnet werden kann.

In der Arbeit wird ein dreiphasiges Wechselrichtersystem mit je einem Temperatursensor pro Halbbrückenmodul betrachtet. Dem gegenüber können bis zu zwölf nicht messbare Halbleitertemperaturen und die ebenfalls nicht messbaren Kühlwassertemperaturen stehen. Für den Einsatz in einem bestimmten Fahrzeug hängen die Anforderungen an die Modellierung von der Topologie des Antriebsstrangs und den Randbedingungen des Kühlsystems ab. Ziel der Arbeit ist die Bildung geeigneter Modelle:

- für symmetrische oder asymmetrische Verlustleistungen, wobei die Verteilung abhängig von der Drehfrequenz der elektrischen Maschine ist,

- mit oder ohne Schätzung der Ein- und Auslasstemperatur des Kühlwassers,
- mit oder ohne Anpassung an variablen Kühlwasservolumenstrom.

Hierfür wird die entwickelte systematische Modellstruktur verwendet, mit der die einzelnen Anforderungen beliebig abgedeckt werden können. Jede Erweiterung ist jedoch verbunden mit einer Erhöhung des Rechenaufwands. Da die Ressourcen zur Berechnung von echtzeitfähigen Modellen im Steuergerät begrenzt sind, sollte die Temperaturmodellierung grundsätzlich so umfangreich wie nötig, aber so kompakt wie möglich sein. Mit dem modularen Modellbaukasten, der das Ergebnis der Arbeit zusammenfasst, kann diesem Anspruch auf systematische Weise begegnet werden.

Die Arbeit ist wie folgt aufgebaut:
In Kapitel 2 werden die Grundlagen der Arbeit beschrieben. Es werden zunächst die Funktionsweise, die Verlustleistungen und die notwendige Temperaturüberwachung eines Pulswechselrichters erläutert, gefolgt von einer Diskussion von unterschiedlichen Methoden, die zur Temperaturüberwachung eingesetzt werden können. Die Grundlagen für die beobachterbasierte Temperaturüberwachung, welche die zentrale Methode dieser Arbeit ist, werden in einem weiteren Teilkapitel dargestellt. Hierzu zählt die Beschreibung von Zustandsraumdarstellung, Beobachterprinzip, Beobachtbarkeit, Beobachterentwurf und Störgrößenmodell. Abgeschlossen wird das Kapitel mit der Einführung des verwendeten Versuchsträgers.

Kapitel 3 beschreibt die verwendeten Ansätze der thermischen Modellbildung, erläutert eine allgemeine Modellstruktur und veranschaulicht die Parameteridentifikation anhand eines einfachen Modells.

In Kapitel 4 werden zunächst die Modelle für einzelne Halbbrückenmodule vorgestellt. Ihre Ausprägung unterscheidet sich darin, ob die Verlustleistungen der Halbleiter untereinander symmetrisch oder asymmetrisch verteilt sind. Werden diese Modelle mit dem Sensorsignal eines Halbbrückenmoduls zu einem Beobachter kombiniert, können sowohl die Halbleitertemperaturen innerhalb als auch die Kühlwassertemperatur unterhalb des jeweiligen Leistungsmoduls geschätzt werden. Für den experimentellen Abgleich werden am Ende des Kapitels Versuchsergebnisse gezeigt und erläutert.

In Kapitel 5 folgt die Erweiterung von Halbbrückenmodellen auf Vollbrückenmodelle, die eine Schätzung der Ein- und Auslasstemperatur des Kühlwassers erlauben. Neben den Halbleitertemperaturen sind die Kühlwassertemperaturen ebenfalls wichtige Größen im Fahrzeug und können beispielsweise zur bedarfsgerechten Ansteuerung von Lüftern genutzt werden, um die Entwärmungsleistung des Kühlsystems zu regeln.

Einen weiteren Ansatz zur bedarfsgerechten Kühlung beschreibt die Regelung des Kühlwasservolumenstroms. Abhängig von Betriebsstrategie und Fahrverhalten kann es vorkommen, dass die Halbleiter nur geringen Belastungen ausgesetzt sind. In diesen Situationen wird eine entsprechend geringere Kühlleistung benötigt. Zur Reduzierung des Energieverbrauchs der Kühlwasserpumpe könnte eine geeignete Regelung den Kühlwasserfluss entsprechend anpassen. Allerdings hat diese Maßnahme einen signifikanten Einfluss auf die Genauigkeit der oben beschriebenen Modelle. Eine Anpassung der Modelle an einen variablen Kühlwasservolumenfluss wird mit Hilfe von parametervarianten Modellen in Kapitel 6 entwickelt.

Kapitel 7 fasst die Modelle aus den Kapiteln 4, 5 und 6 zu einem modularen Modellbaukasten für die thermische Überwachung eines Wechselrichters zusammen. Hier sei angemerkt, dass Teile der Kapitel 4 bis 7 bereits im Rahmen von Konferenzen [81, 82, 83, 84] vorgestellt wurden.

Weiterführende Themen im Kontext der Temperaturüberwachung von Leistungselektronik werden in Kapitel 8 beschrieben und adressieren Möglichkeiten zur Weiterarbeit und zur Erweiterung des modularen Modellbaukastens.

Die Zusammenfassung in Kapitel 9 schließt die Arbeit ab.

2 Grundlagen

Die Grundlagen für die weitere Arbeit umfassen eine kurze Einführung in die Funktionsweise eines Pulswechselrichters, die im Betrieb anfallenden Verlustleistungen und die daraus resultierende Notwendigkeit der Temperaturüberwachung. Hierfür werden auch alternative Methoden kurz erläutert und die in dieser Arbeit zentrale Methode, die beobachterbasierte Temperaturüberwachung, im Detail eingeführt. Abgeschlossen wird dieses Kapitel mit der Beschreibung des Versuchsträgers, der für die Durchführung der Experimente verwendet wurde.

2.1 Pulswechselrichter

Aufgabe eines Wechselrichters ist die Wandlung zwischen Gleichspannung und Wechselspannung. Im elektrischen Antriebsstrang eines Fahrzeugs stellt er damit die Verbindung zwischen Hochvolt-Traktionsbatterie und elektrischer Maschine dar [94].

Funktionsweise

Wechselrichter mit dreiphasigem Ausgang können durch verschiedene Schaltungstopologien realisiert werden [58]. Der in dieser Arbeit verwendete Wechselrichter basiert auf einer Brückenschaltung, wie sie in Abbildung 2.1 dargestellt ist.

Dabei ist U_{dc} die Gleichspannungsquelle und jeweils zwei Leistungsschalter (Transistoren, beispielsweise S_1 und S_2) mit den zugehörigen Freilaufdioden stellen eine Halbbrücke dar. Die Schaltelemente, Transistor und Diode, mit Anbindung an den Pluspol werden als HighSide-Schalter bezeichnet, diejenigen mit Anbindung an den Minuspol entsprechend LowSide-Schalter [12]. Diese Schaltung hat für viele praktische Anwendungen die größte Bedeutung [58].

Durch eine geeignete Ansteuerung der Schalter S_1 bis S_6 wird am Ausgang des Wechselrichters ein sinusförmiger Spannungsverlauf erzeugt, der sich für den

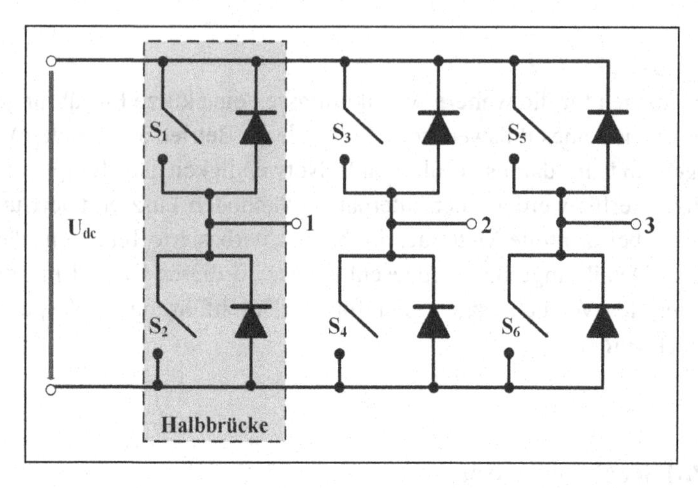

Abbildung 2.1: Aufbau eines dreiphasigen Wechselrichters in Brückenschaltung.

Betrieb einer an die Ausgänge 1, 2, 3 angeschlossenen elektrischen Maschine eignet. Häufig wird für die Ansteuerung ein pulsweitenmoduliertes (PWM) Signal verwendet [74].

Verlustleistung

Als Verlustleistung wird die als Wärme umgesetzte Leistung beschrieben [56]. Sie entspricht der Differenz zwischen aufgenommener und abgegebener Leistung [91]. Im motorischen Betrieb, wenn die elektrische Maschine das Fahrzeug antreibt bzw. beschleunigt, ist die Verlustleistung des Wechselrichters durch die Differenz zwischen der von der Hochvoltbatterie aufgenommenen und der an die elektrische Maschine abgegebenen Leistung beschrieben. Umgekehrt kann der elektrische Antriebsstrang auch zum Bremsen des Fahrzeugs verwendet werden. Dabei wird die elektrische Maschine als Generator angesteuert, der die Bewegungsenergie des Fahrzeugs wiederum in elektrische Energie umwandelt [66]. Die Energie fließt dann über den Wechselrichter, der in dieser Situation die Funktion eines Gleichrichters übernimmt, zurück in die Batterie und lädt diese. In beiden Fällen, motorischer und generatorischer Betrieb, fällt der Großteil der Verlustleistungen in den Leistungshalbleitern (Transistoren und Dioden) des Wechselrichters an [58] und führt dort zu einer starken Erwärmung der Bauelemente. Für modellbasierte Temperaturüberwachung beschreiben die im Betrieb entstehenden Verlustleistungen den Eingang der thermischen Modelle. Die Verlustleistungen hängen dabei im Wesentlichen von der Spannung am Halbleiter und der Stromstärke durch den Halbleiter ab [58]. Zu den weiteren Einflussgrößen zählen der Leistungsfaktor ($\cos(\phi)$), der Modulationsgrad, die Ansteuerfrequenz und die elektrische Frequenz f_{el} des Ausgangsstroms [90]. Da die konkrete Berechnung der Verlustleistung kein essenzieller Bestandteil dieser Arbeit ist, wird an dieser Stelle auf [90] verwiesen. Nur der Einfluss der elektrischen Frequenz f_{el}, der sich wesentlich auf die notwendige Komplexität der thermischen Modellbildung auswirkt, wird ausführlicher betrachtet.

Abbildung 2.2 zeigt, wie sich ein normierter, sinusförmiger Ausgangsstrom einer Halbbrücke auf die einzelnen Elemente der Brückenschaltung verteilt.

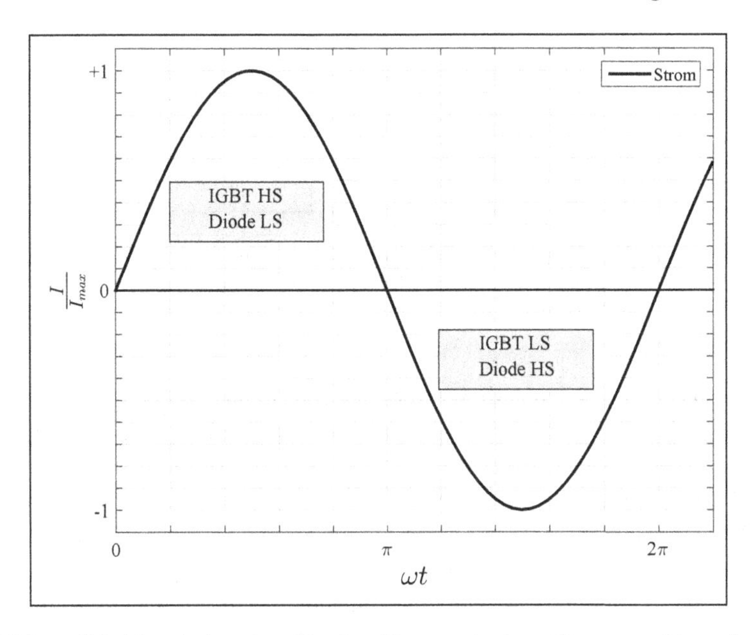

Abbildung 2.2: Normierter, sinusförmiger Stromverlauf am Phasenanschluss eines einzelnen Halbbrückenmoduls.

In der positiven Halbperiode fließt der Strom I über HighSide-IGBT und LowSide-Diode zur elektrischen Maschine und umgekehrt in der negativen Halbperiode über LowSide-IGBT und HighSide-Diode. Der zugehörige normierte Verlustleistungsverlauf der HighSide-IGBT bzw. LowSide-Diode in der positiven Halbwelle ist in Abbildung 2.3 dargestellt.

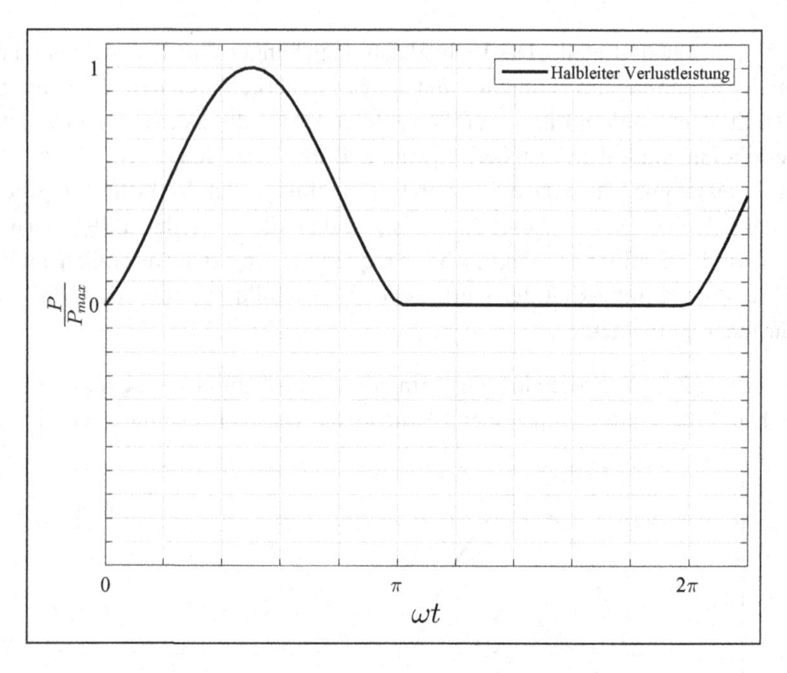

Abbildung 2.3: Normierter Verlauf der Verlustleistungen P von HighSide-IGBT bzw. LowSide-Diode während einer Periode bezogen.

Für die Halbleiter bedeutet dieser Verlauf der Verlustleistungen, dass die Temperatur in den aktiven Halbperioden steigt und in den inaktiven Halbperioden sinkt [58]. Jedoch wirkt die thermische Kapazität des Halbbrückenmoduls wie ein Tiefpassfilter auf den Temperaturverlauf [68]. Bei hinreichend hoher elektrischer Frequenz f_{el} geht die Amplitude dieser Temperaturoszillationen ΔT folglich gegen 0 und es stellt sich eine konstante stationäre Halbleitertemperatur T_{stat} ein. Abbildung 2.4 zeigt einen entsprechenden Temperaturverlauf bei beispielsweise $f_{el} = 100Hz$, wenn die Halbleitererwärmung durch eine geeignete Sprungantwort abgeschätzt wird.

Es ist zu erkennen, dass nach Beginn der Belastung die Temperatur im Halbleiter steigt und sich asymptotisch einer stationären Temperatur T_{stat} nähert.

Bei sehr kleinen elektrischen Frequenzen ändert sich der Temperaturverlauf. Da die Periodendauer länger wird, steigen die Temperaturen der aktiven Bauteile merklich an und kühlen sich in der inaktiven Halbperiode entsprechend

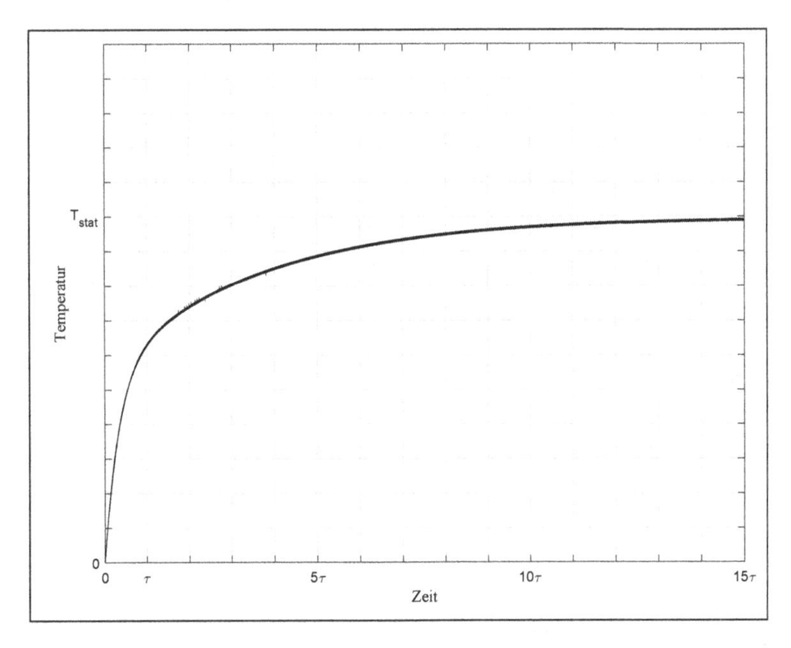

Abbildung 2.4: Sprungantwort bei $f_{el} = 100Hz$.

ab. Es stellt sich folglich eine Überlagerung eines periodischen Temperaturverlaufs und eines Anstiegs der mittleren Temperatur ein. Abbildung 2.5 zeigt einen beispielhaften Verlauf bei $f_{el} = 1Hz$.

Aus den Temperaturverläufen für verschiedene Frequenzen kann so der in Abbildung 2.6 dargestellte Amplitudengang abgeleitet werden, aus dem für einen vorgegebenen Lastpunkt die zugehörige periodische Belastung des Halbleiters abgeleitet werden kann.

Wenn davon ausgegangen werden kann, dass im Wesentlichen Temperaturamplituden oberhalb einer definierten Schwelle (beispielsweise $> 3K$ [38]) relevant für die Lebensdauerbelastung des Leistungsmoduls sind, kann aus der maximalen Verlustleistung P_{max} und dem Amplitudengang eine Grenzfrequenz f_g bestimmt werden. Im Betrieb oberhalb der Grenzfrequenz f_g sind die Temperaturoszillationen vernachlässigbar klein. Im weiteren Verlauf der Arbeit wird dieser Fall $f_{el} > f_g$ als symmetrisch verteilte Verlustleistungen bezeichnet, der eine gewisse Vereinfachung des Temperaturmodells erlaubt. Bei kleineren Frequenzen mit $f_{el} < f_g$ (beispielsweise < 60 Hz [10]) resultieren die asymmetrisch verteilten Verlustleistungen in merklich oszillierenden Temperaturam-

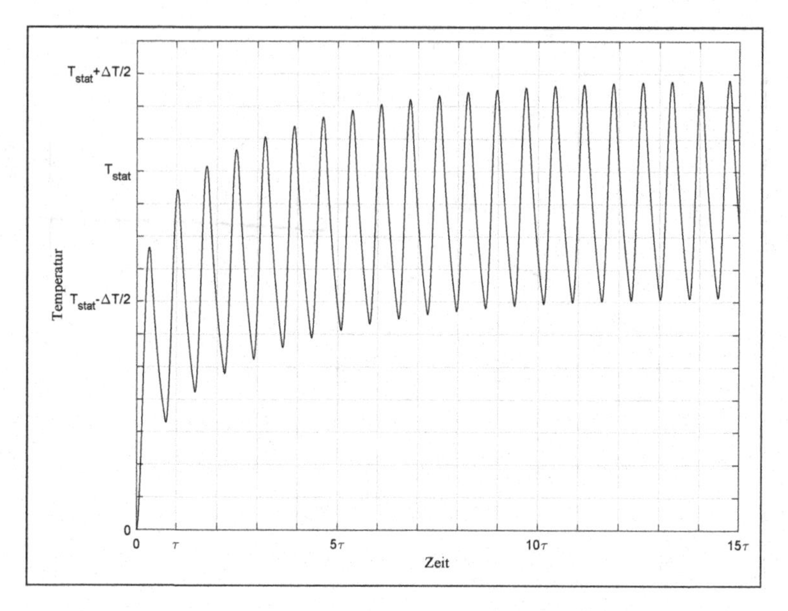

Abbildung 2.5: Sprungantwort bei $f_{el} = 1Hz$.

plituden und müssen im Rahmen der Temperaturüberwachung entsprechend berücksichtigt werden.

Für beide Fälle gilt, dass die Berechnung der jeweiligen Verlustleistung ebenso wie die Berechnung der Temperaturen echtzeitfähig sein muss. Häufig werden hierfür Kennfelder eingesetzt, die die Verluste an Hand der eingangs aufgelisteten Einflussgrößen bestimmen [49, 50, 96].

Motivation Temperaturüberwachung

Das vorrangige Ziel der Temperaturüberwachung des Wechselrichters ist der Schutz vor kritischen Überlastsituationen, die zu einer vorzeitigen Alterung oder unmittelbaren Schädigung der Komponente führen können [65]. Insbesondere müssen die Sperrschichttemperaturen der Leistungshalbleiter während des Betriebs unterhalb der spezifizierten Grenzen, z.B. 150°C [42], gehalten werden, um die Kurzschlussfestigkeit zu gewährleisten.

Des Weiteren trägt die Temperaturüberwachung zur Einhaltung der Zuverlässigkeitsziele über Lebensdauer bei, in dem nicht nur die bereits genannte Maxi-

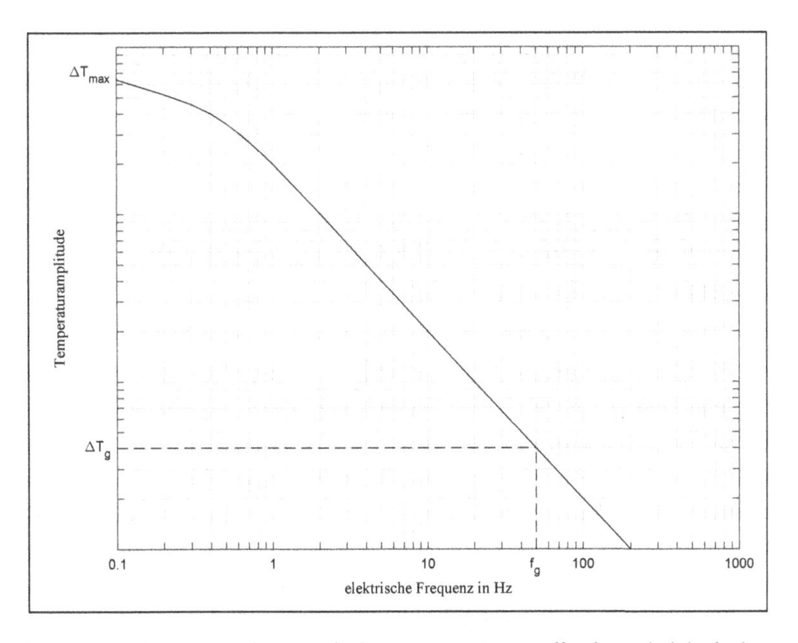

Abbildung 2.6: Zusammenhang zwischen Temperaturamplitude und elektrischer Frequenz.

maltemperatur der Halbleiter, sondern auch die mittlere Temperatur der Halbleiter und die Temperaturdifferenz zwischen Halbleiter und Kühler [92] überwacht werden. Letztere führt zu thermo-mechanischen Spannungen zwischen den einzelnen Bauteilen bzw. innerhalb der Aufbau- und Verbindungstechnik [56].

Erkennt die Temperaturüberwachung einen kritischen Zustand, können entsprechende Schutzmaßnahmen eingeleitet werden. Eine Möglichkeit bietet z.B. die Reduktion der Halbleiterverluste, in dem die Schaltfrequenz des Wechselrichters (vorübergehend) reduziert wird [10]. Diese Vorgehensweise bietet zwar den Vorteil, dass die angeforderte Ausgangsleistung des Wechselrichters aufrecht erhalten bleibt, allerdings erhöht die geringere Schaltfrequenz die Verlustleistung der elektrischen Maschine [46]. Eine weitere Möglichkeit, Halbleiterverluste zu reduzieren und damit die Lebensdauer zu erhöhen, bietet die Verwendung von speziellen Ansteuerverfahren [85, 86, 87, 88, 89]. Reichen diese Maßnahmen nicht aus, um die Temperaturen auf ein unkritisches Niveau zu senken, kann in einem weiteren Schritt der Ausgangsstrom des Wechselrichters beschränkt werden, was einer Leistungsbegrenzung des Antriebsstrangs gleichkommt und damit einer Begrenzung der Verfügbarkeit [10]. Fortwährend kritische Temperaturen würden dann schließlich zur Abschaltung des Wechselrichters führen.

2.2 Stand der Technik - Alternative Methoden der Temperaturüberwachung

Dieser Abschnitt gibt einen Überblick über Methoden, die für die Temperaturüberwachung eines Wechselrichters eingesetzt werden können. Neben der direkten Messung der relevanten Temperaturen, wird eine indirekte Berechnung der Temperaturen mit Hilfe von temperaturabhängigen Halbleitereigenschaften erläutert. Abschließend wird der Einsatz von thermischen Kompaktmodellen beschrieben. Im Wesentlichen ist die beobachterbasierte Temperaturüberwachung, die im Fokus der Arbeit steht, eine Kombination aus thermischen Kompaktmodellen und Sensoren. Sie bedient sich somit aus zwei der im Folgenden vorgestellten Methoden.

Sensoren

Grundsätzlich könnte für die Erfassung der relevanten Temperaturen eine Vielzahl von Temperatursensoren verwendet werden. Für den in Abbildung 2.1 dargestellten Wechselrichter könnten beispielsweise 12 Temperatursensoren (1 je Bauelement) eingesetzt werden oder Halbleiter mit integrierten Temperatursensoren [36]. Ein solcher Ansatz ist natürlich nicht realitätsnah, da sowohl die Kosten für Sensoren und Auswertung sehr hoch wären, als auch der Verdrahtungsaufwand innerhalb und außerhalb der Module deutlich steigen würde. Des Weiteren sind manche Orte innerhalb des Wechselrichters nur schwer oder gar nicht zugänglich und machen damit eine direkte Temperaturerfassung unmöglich [7]. Kann ein Sensor nur *in der Nähe* eines temperaturkritischen Bauteils platziert werden, so muss zusätzlich die zeitliche Verzögerung zwischen Bauteil und Sensor berücksichtigt werden [79]. Grundsätzlich könnte diese Methode zwar bei großen Anlagen Anwendung finden, ist aber für einen kompakten Wechselrichter eher nicht praxisrelevant.

Temperaturbestimmung durch temperaturabhängige Halbleitereigenschaften

Die Nutzung von temperaturabhängigen Halbleitereigenschaften ergibt eine weitere Möglichkeit, relevante Temperaturen zu bestimmen [5]. Bei dieser Vorgehensweise werden die Halbleiter selbst als Temperatursensoren genutzt. Zu den temperaturabhängigen Eigenschaften der Halbleiter zählen beispielsweise der Spannungsabfall von Kollektor nach Emitter U_{ce} für einen bestimmten Strom, die Schwellenspannung des Gates, die Durchbruchsspannung und die maximale Änderung der Stromstärke [6]. Außerdem ist die Ein-/ Ausschaltzeit der Halbleiter temperaturabhängig [6, 15].

In [93] wird der Spannungsabfall U_{ce} im leitenden Zustand des IGBTs erfasst, um auf die Temperatur zu schließen. Hierfür sind zusätzliche Schaltungsaufwände zur Messung des Spannungsabfalls notwendig sowie eine entsprechende Kennlinie oder Funktion, die den Zusammenhang zwischen Spannungsabfall und Halbleitertemperatur beschreibt. Dieses Verfahren kommt z.B. bei der Temperaturüberwachung von Leistungsmodulen in Windkraftanwendungen zum Einsatz [33]. Es kann aber auch in Versuchen zur Lebensdauerevaluation [78] bzw. in Kombination mit einem speziellen Testpulsverfahren zur Lebensdauermodellierung [69] von Halbleitern in industriellen Anwendungen eingesetzt werden. Die auf diese Weise geschätzten Halbleitertemperaturen werden in [25, 26] verwendet, um mit Hilfe eines Kalmanfilters das thermische Verhalten der Leistungsmodule bezüglich Alterung und Degradation zu analysieren.

Nachteilig für die Anwendung des Verfahrens ist, dass die Spannung U_{ce} und damit die Temperatur nicht zu jedem beliebigen Zeitpunkt, sondern nur während der z.T. sehr kurzen leitenden Zustände der Halbleiter im PWM-Takt erfasst werden kann [93]. Zusätzlich ist der gemessene Spannungsabfall sehr störempfindlich, da er, je nach Einsatzgebiet der Halbleiter, im leitenden Zustand wenige mV beträgt gegenüber mehrerer kV im Sperrzustand [93] und zudem abhängig vom Strom durch den Halbleiter ist.

Thermische Kompaktmodelle

Eine breite Klasse an Methoden basiert auf dem Ansatz, das thermische Verhalten der Halbleiter bzw. der Leistungsmodule durch thermische Kompaktmodelle abzubilden, die gegenüber räumlich und zeitlich hochaufgelösten Finite-Element-Methode (FEM) Simulationen (vgl. ANSYS [1], COMSOL [18]) oder faltungsbasierten Ansätzen [70] einen deutlich geringeren Rechenaufwand aufweisen. Die Abbildung der Kompaktmodelle erfolgt häufig durch thermische Ersatznetzwerke mit thermischen Widerständen und thermischen Kapazitäten [60]. Durch eine Kopplung mit den entsprechenden elektrischen Modellen, z.B. PSpice [17] oder Saber [72], eignen sich die Modelle auch zur gekoppelten Simulation von elektrischem und thermischem Verhalten [54].

Für die Bestimmung der Halbleitertemperaturen werden die anfallenden Verlustleistungen berechnet und als Eingangsgröße für die Simulation der thermischen Kompaktmodelle verwendet. Der daraus errechnete Temperaturanstieg der Halbleiter wird anschließend zu einer gemessenen Temperatur des Kühlmediums bzw. der Umgebung addiert, um die absolute Halbleitertemperatur zu bestimmen [10, 31, 63, 96]. Werden mehrere Halbleiter innerhalb eines Leistungsmoduls thermisch belastet, muss bei der Verwendung von Kompaktmodellen der Einfluss der gegenseitigen Erwärmung der Halbleiter auf geeignete Weise berücksichtigt werden [29, 49, 50]. Die Parametrierung der Kompaktmodelle kann einerseits aus den physikalischen Größen der modellierten Komponente oder aus Messungen bestimmt werden [43].

Neben dem Einsatz zur echtzeitfähigen Temperaturüberwachung finden thermische Kompaktmodelle auch Anwendung in der Entwicklungsphase von Leistungsmodulen [16, 21, 37, 75]. Die kompakte Struktur ermöglicht gegenüber FEM-Simulationen eine deutlich schnellere Berechnung der Temperaturverläufe für unterschiedliche Lastprofile. Unter Verwendung von Lebensdauermodellen kann so untersucht werden, ob sich ein bestimmter Entwurf des Leistungsmoduls für den vorgesehenen Einsatz eignet oder ob das Risiko eines vorzeitigen Ausfalls besteht.

Alternativ zur Modellbildung mit Hilfe von thermischen Netzwerken gibt es als neue Methode Ansätze zur Modellordnungsreduktion (MOR) Verfahren von FEM-Modellen, um das Ein-/Ausgangsverhalten in eine kompakte Form zu überführen [2, 3, 19, 28, 64]. Nachteilig ist hierbei, dass die inneren Zustände des Modells ihre physikalische Interpretierbarkeit verlieren. Diese Information könnte aber beispielsweise genutzt werden, um bei einer beobachterbasierten Temperaturüberwachung das Einschwingverhalten einzelner innerer Zustände bestimmen zu können.

2.3 Beobachterbasierte Temperaturüberwachung

Im Fokus dieser Arbeit steht die beobachterbasierte Temperaturüberwachung, die ebenfalls auf thermische Kompaktmodelle aufbaut. Ein Beobachter im regelungstechnischen Sinn ist ein System zur Rekonstruktion von nicht messbaren Zustandsgrößen [53]. Innerhalb des Pulswechselrichters ist eine Vielzahl von Temperaturen zu überwachen. Um die Anzahl an Sensoren und somit Kosten so gering wie möglich zu halten, werden nur wenige Temperaturen direkt gemessen. Die verbleibenden nicht messbaren Temperaturen können unter bestimmten Voraussetzungen mit Hilfe eines Beobachters rekonstruiert bzw. geschätzt werden.

Dieser Abschnitt erläutert neben der Zustandsraumdarstellung, die für den Entwurf des Beobachters besonders geeignet ist, das Beobachterprinzip, das notwendige Kriterium der Beobachtbarkeit und den Beobachterentwurf. Abschließend wird erklärt, wie die Kühlwassertemperatur als Störgröße im Modell berücksichtigt werden kann.

Zustandsraumdarstellung

Die Zustandsraumdarstellung ist eine weitverbreitete Möglichkeit zur Beschreibung von dynamischen Systemen im Zeitbereich. Sie nutzt die Eigenschaft, dass jede Differenzialgleichung n-ter Ordnung in ein System von n 1-dimensionalen Differenzialgleichungen überführt werden kann [55]. Im Zustandsraum werden die Eingangsgrößen, Ausgangsgrößen und Zustandsgrößen als zeitlich veränderliche Vektoren $u(t), y(t), x(t)$ dargestellt. Ist das betrachtete System kontinuierlich und linear zeitinvariant, erfolgt die Darstellung anhand der Dynamikgleichung

$$\dot{x}(t) = Ax(t) + Bu(t) \qquad \text{Gl. 2.1}$$

und der Ausgangsgleichung

$$y(t) = Cx(t) + Du(t). \qquad \text{Gl. 2.2}$$

Bei einem System mit n Zuständen, m Eingangsgrößen und r Ausgangsgrößen sind die Vektoren und Matrizen folgendermaßen definiert:

- $x(t)$ Zustandsvektor, $x(t) \in \mathbb{R}^n$
- $\dot{x}(t)$ Ableitung des Zustandsvektors, $x(t) \in \mathbb{R}^n$

- $u(t)$ Eingangsvektor, $u(t) \in \mathbb{R}^m$
- $y(t)$ Ausgangsvektor, $y(t) \in \mathbb{R}^r$
- A Systemmatrix/Dynamikmatrix, $\dim(A) = n \times n$
- B Eingangsmatrix, $\dim(B) = n \times m$
- C Ausgangsmatrix, $\dim(C) = r \times n$
- D Durchgriffsmatrix, $\dim(D) = r \times m$

Die thermischen Modelle dieser Arbeit werden ausschließlich in dieser Form dargestellt, wobei der Zustandsvektor $x(t)$ die modellierten Temperaturen enthält. Die Eingangsgrößen in $u(t)$ beschreiben die Verlustleistungen und die Ausgangsgrößen $y(t)$ sind definiert als alle messbaren Größen des Systems, d.h. alle Temperatursensoren. Zur vereinfachten Darstellung der zeitkontinuierlichen Modelle werden folgende Definitionen eingeführt:

$$x := x(t) \qquad \text{Gl. 2.3}$$

$$\dot{x} := \dot{x}(t) \qquad \text{Gl. 2.4}$$

$$u := u(t) \qquad \text{Gl. 2.5}$$

$$y := y(t) \qquad \text{Gl. 2.6}$$

Somit werden die Gleichungen 2.1 und 2.2 zu

$$\dot{x} = Ax + Bu \qquad \text{Gl. 2.7}$$

$$y = Cx + Du. \qquad \text{Gl. 2.8}$$

In dieser Arbeit werden die Modelle in der Regel zeitkontinuierlich dargestellt; nur bei der Identifikation der Wärmekapazitäten und zur Bestimmung des Rechenaufwands werden zeitdiskrete Modellbeschreibungen benötigt, worauf gesondert hingewiesen wird.

Beobachterprinzip

Das Beobachterprinzip basiert auf einer Simulation des Modells mit fortlaufender Korrektur, indem die Abweichung eines oder mehrerer messbarer Ausgänge als gewichtete Korrektur zurückgeführt wird. Abbildung 2.7 zeigt ein Blockschaltbild eines Beobachters [95].

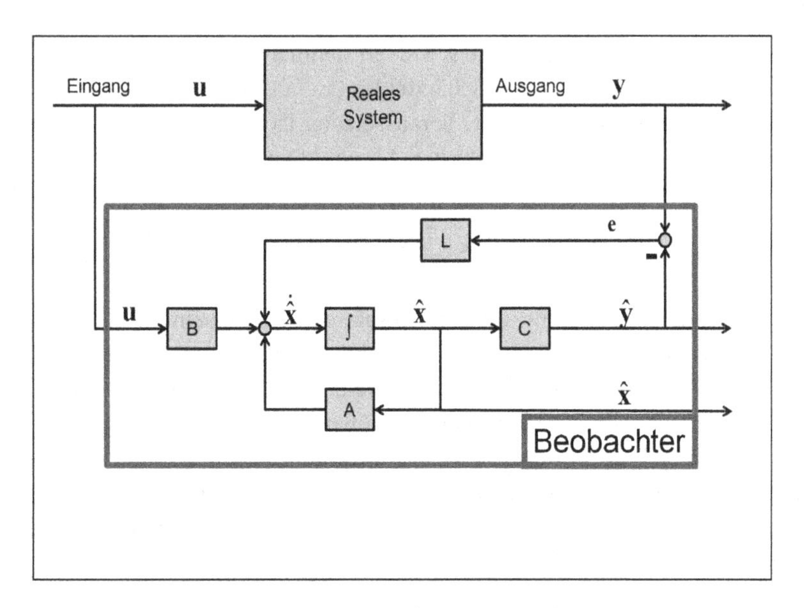

Abbildung 2.7: Blockschaltbild eines Luenberger Beobachters.

Die Matrizen A, B und C beschreiben den Simulationsteil gemäß den Definitionen aus der Zustandsraumdarstellung. Neben dem geschätzten Zustandsvektor $\hat{x}$ wird auch der geschätzte Ausgangsvektor $\hat{y}$ bestimmt, wobei „ˆ" die vom Beobachter geschätzten Zustandsgrößen kennzeichnet. Dieser wird kontinuierlich mit dem gemessenen Ausgangsvektor y des realen Systems verglichen. Die Differenz aus geschätztem und gemessenem Ausgangsvektor definiert den Beobachterfehler e:

$$e = y - \hat{y}. \quad \text{Gl. 2.9}$$

Zur Korrektur der Simulation wird der Beobachterfehler mit der Matrix L multipliziert und zurückgeführt, so dass sich für die resultierende Beobachterdynamik folgende Gleichung ergibt:

$$\dot{\hat{x}} = A\hat{x} + Bu + L(y - \hat{y}). \quad \text{Gl. 2.10}$$

Aus dieser Gleichung kann unter Zuhilfenahme der Dynamikgleichung aus 2.1 die Dynamikgleichung des Schätzfehlers $x - \hat{x}$

$$\dot{x} - \dot{\hat{x}} = (A - LC) \cdot (x - \hat{x}) \quad \text{Gl. 2.11}$$

hergeleitet werden. Sie bestimmt das Einschwing- und Stabilitätsverhalten des Beobachters bei Störungen bzw. Modellunsicherheiten [55]. Die Matrizen A

und C sind durch das verwendete Modell definiert und die Rückführmatrix L wird so bestimmt, dass der Schätzfehler $(x - \hat{x})$ ein asymptotisch stabiles Einschwingverhalten beschreibt. Voraussetzung ist jedoch das Kriterium der Beobachtbarkeit [55], das im nächsten Abschnitt vorgestellt wird.

Beobachtbarkeit

Als notwendige Bedingung für den Einsatz eines Beobachters ist zu prüfen, ob das zu verwendende Modell als beobachtbar klassifiziert werden kann [55]. Ein System ist genau dann beobachtbar, wenn aus den gemessenen Ausgangsgrößen unter Verwendung der Eingangsgrößen alle Systemzustände bestimmt werden können [55]. Für ein lineares zeitinvariantes System mit der Dynamikmatrix A und der Ausgangsmatrix C ist die Beobachtbarkeit nachgewiesen, wenn die sogenannte Beobachtbarkeitsmatrix O (engl.: observability) aus Gleichung 2.12 vollen Rang hat [55].

$$O = \begin{bmatrix} C \\ CA \\ \vdots \\ CA^{n-1} \end{bmatrix} \qquad \text{Gl. 2.12}$$

Nach Prüfung dieser Bedingung kann der Beobachter gemäß folgendem Prinzip komplettiert werden.

Beobachterentwurf

Die Bestimmung der Rückführmatrix L ist vergleichbar mit dem Entwurf eines Zustandreglers, bei dem die Werte der Rückführmatrix durch Polvorgabe so bestimmt werden, dass die resultierende Fehlerdynamik des Beobachters gemäß Gleichung 2.11 stabil ist [55]. Hierbei ist im Allgemeinen zu beachten, dass die Fehlerdynamik schneller sein soll als die Dynamik der zu beobachtenden Strecke [53].

Eine andere weitverbreitete und auch in dieser Arbeit verwendete Methode ist die Bestimmung der Rückführmatrix L durch Ansätze aus der optimalen Regelung [95], um einen optimalen Beobachter zu entwerfen [95]. Ziel ist es, ein skalares quadratisches Gütekriterium J_{beob} zu minimieren:

$$J_{beob} = \int_0^\infty (x-\hat{x})^T \cdot W \cdot (x-\hat{x})\ \mathrm{dt}, \qquad \text{Gl. 2.13}$$

wobei für W eine positiv semidefinite Gewichtungsmatrix gewählt wird, die zumeist die Form einer Diagonalmatrix hat. Durch die Gewichtsmatrix wird das Einschwingverhalten der einzelnen Zustände vorgegeben. Je größer der Gewichtsfaktor auf der Diagonalen, desto kürzer ist die Einschwingzeit des entsprechenden Zustands. Bei der Wahl von W sollte jedoch beachtet werden, dass zu hohe Gewichtungen zu Überschwingen und Rauschverstärkung führen [53].

Störgrößenmodell

Für thermische Simulationen wird oft eine konstante Temperaturrandbedingung vorgegeben [61], beispielsweise eine konstante Kühlwassertemperatur. In Realität ist diese Einschränkung allerdings in der Regel nicht korrekt. Im Fahrzeug variiert die Kühlmitteltemperatur in Abhängigkeit von Umgebungstemperatur und Belastung. Wird die Kühlwassertemperatur, die im Beobachter als Störgröße wirkt, nicht berücksichtigt, würde sich ein bleibender Schätzfehler einstellen [55]. Um diesen unerwünschten Einfluss zu beheben, gibt es grundsätzlich zwei Möglichkeiten. Einerseits kann dem Beobachter die notwendige Temperatur als Eingangssignal zugeführt werden, was voraussetzt, dass diese Temperatur durch zusätzliche Sensoren messbar ist. Andererseits kann der Beobachter die Temperatur mit Hilfe eines Störgrößenmodells schätzen, wenn die Störgröße beobachtbar ist. Dieser zweite Ansatz wird im weiteren Verlauf der Arbeit verwendet, indem das thermische Modell aus Gleichungen 2.1 und 2.2 um ein Störgrößenmodell erweitert wird. Die modellierte Störgröße ist auch relevant für die betrachteten Modelle die Kühlwassertemperatur unterhalb des modellierten Leistungsmoduls in Kapitel 4. Im darauffolgenden Kapitel 5 wird ein Verfahren vorgestellt, wie die Modellierung auf das thermische Verhalten des Kühlwassers zwischen Ein- und Auslass erweitert werden kann. Die Störgröße des erweiterten Modells ist dann die Kühlwassertemperatur am Einlass des Wechselrichters.

Bei der verwendeten Methodik wird davon ausgegangen, dass die Störgröße x_{St} kein dynamisches Verhalten aufweist:

$$\dot{x}_{St} = 0. \qquad \text{Gl. 2.14}$$

D.h. die Störgröße ist unabhängig von den im Modell abgebildeten Zuständen bzw. Temperaturen. Allerdings ist bekannt, wie die Störgröße auf die modellierten Temperaturen wirkt. Über diesen Zusammenhang kann, in Kombination mit der Rückführung der gemessenen Temperaturen, die Störgröße geschätzt werden. Die erweiterte Zustandsraumdarstellung ist dann durch

$$\begin{bmatrix} \dot{x} \\ \dot{x}_{St} \end{bmatrix} = \begin{bmatrix} A & z \\ 0_{1,n} & 0 \end{bmatrix} \begin{bmatrix} x \\ x_{St} \end{bmatrix} + \begin{bmatrix} B \\ 0_{1,m} \end{bmatrix} u \qquad \text{Gl. 2.15}$$

$$y = \begin{bmatrix} C & 0_{r,1} \end{bmatrix} \begin{bmatrix} x \\ x_{St} \end{bmatrix} + Du \qquad \text{Gl. 2.16}$$

gegeben, wobei $0_{i,j}$ Nullmatrizen mit i Zeilen und j Spalten sind. Der Vektor z beschreibt den Einfluss der Störgröße x_{St} auf die Zustände in x. Der Beobachterentwurf, also die Bestimmung einer geeigneten Rückführmatrix L, ist nur dann möglich, wenn auch das erweiterte Modell beobachtbar ist. Für das erweiterte Modell kann die Beobachtbarkeit mit Hilfe von Gleichung 2.12 und unter Verwendung der erweiterten Dynamik- und Ausgangsmatrix untersucht werden.

2.4 Versuchsträger

Dieser Abschnitt befasst sich mit dem experimentellen Setup, das in dieser Arbeit für Verifikationsmessungen verwendet wurde. Zunächst wird der Aufbau eines einzelnen realen Leistungsmoduls inklusive der Kühlanbindung beschrieben. Anschließend wird der Aufbau des Prüfstands erläutert, der zur Durchführung der Experimente verwendet wurde.

Aufbau von Leistungsmodul und Kühler

Der verwendete Pulswechselrichter besitzt drei getrennte Leistungsmodule. Jedes Leistungsmodul umfasst die Funktion einer Halbbrücke und hat zwei Anschlüsse zur Traktionsbatterie und einen Phasenanschluss zur elektrischen Maschine. Wie in Kapitel 2.1 beschrieben, umfasst ein Halbbrückenmodul einen HighSide- und einen LowSide-Schalter. Jeder Schalter wird dabei durch einen IGBT (Insulated Gate Bipolar Transistor) und eine Freilaufdiode realisiert.

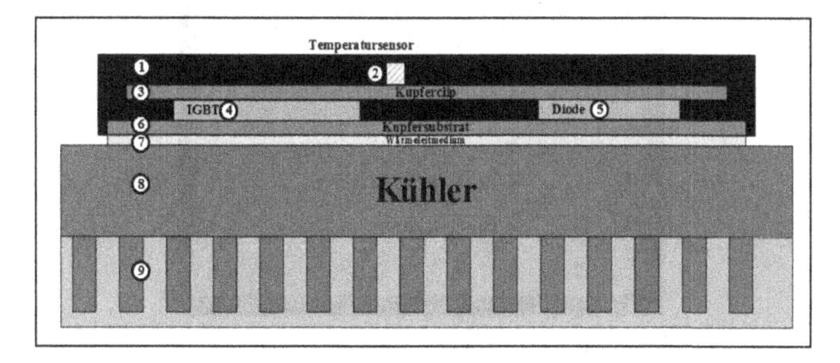

Abbildung 2.8: Querschnitt durch die LowSide des Leistungsmoduls.

Abbildung 2.8 zeigt einen Querschnitt durch den LowSide-Schalter des Leistungsmoduls. Die schwarze Kunststoffummantelung (Mold, (1)), die das Leistungsmodul umkapselt, erhöht einerseits die mechanische Stabilität des Leistungsmoduls und dient andererseits der elektrischen Hochvolt-Isolation. Auf dem Kupferclip (3) ist ein Temperatursensor (2) platziert, der die Temperatur in der Nähe der Halbleiter erfasst. Des Weiteren wird deutlich, wie die Halbleiter, IGBT (4) und Diode (5) oberseitig von einem Kupferclip (3) kontaktiert und auf das Kupfersubstrat (6) gelötet sind. Das Wärmeleitmedium (7) zwischen Leistungsmodul (1-6) und Kühlkörper (8) verbessert die thermische Leitfähigkeit und erfüllt zugleich die Funktion einer elektrischen Isolation gegenüber dem Kühlkörper. Für einen guten Wärmeübergang zwischen Kühler und Kühlwasser wird eine PinFin-Struktur eingesetzt [40], wobei die einzelnen Pins (9) vom Kühlwasser umströmt werden. Die PinFin-Struktur ist dabei so konstruiert, dass der Wärmeübergang α zwischen Kühler und Kühlwasser für einen nominal vorgegebenen Volumenfluss $\dot{V}_{KW,nom}$ optimal ist.

Abbildung 2.9 zeigt die schematische Anordnung auf der unteren Substratschicht und wie HighSide und LowSide in einem Leistungsmodul zusammengefasst sind. Zur Kühlung werden die drei Leistungsmodule für die drei Phasen auf einem gemeinsamen Kühlkörper befestigt. Abbildung 2.10 zeigt den schematischen Aufbau des Kühlers und veranschaulicht, wie die Leistungsmodule seriell vom Kühlwasser gekühlt werden.

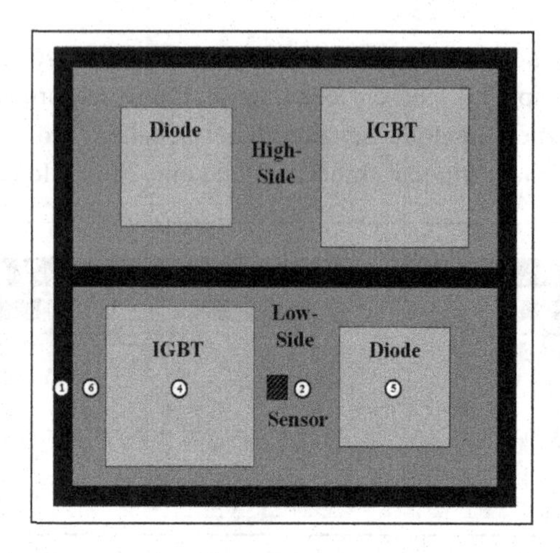

Abbildung 2.9: Anordnung von Halbleitern auf Kupfersubstrat.

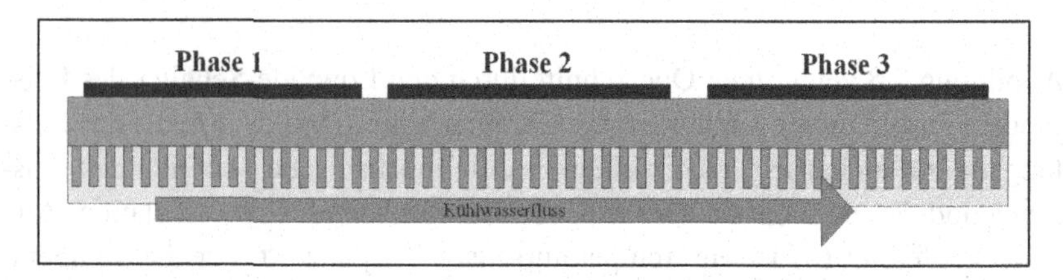

Abbildung 2.10: Querschnitt durch den Kühler des dreiphasigen Wechselrichters und Flussrichtung des Kühlwassers.

Das Leistungsmodul der Phase 1 befindet sich am Einlass des Kühlwassers und wird damit als erstes gekühlt. Das Leistungsmodul der Phase 3 ist entsprechend am Auslass und wird als letztes gekühlt.

Prüfstandsaufbau

Der Versuchsaufbau, der zur Verifikation der vorgestellten Modelle und Methoden verwendet wurde, ist in Abbildung 2.11 schematisch dargestellt. Der Pulswechselrichter *PWR* ist mit der Gleichstromquelle *DC-Quelle* verbunden und versorgt die elektrische Maschine *EM* mit Wechselstrom. Die Belastungsmaschine *BM* wird durch den Belastungswechselrichter *BWR* angesteuert und erzeugt das notwendige Gegenmoment für die elektrischen Maschine *EM*, so dass ein stabiler Betriebspunkt eingestellt werden kann. Das Kühlaggregat *KA* regelt die Einlasstemperatur $T_{KW,Ein}$ und den Volumenstrom $\dot{V}_{KW,ist}$ des Kühlwassers für die Kühlung des Pulswechselrichters *PWR*. Im Kühlkreislauf von Kühlaggregat *KA* und Pulswechselrichter *PWR* befinden sich zusätzlich zwei Messeinheiten, einerseits zur Messung von relevanten Größen im Vorlauf *VL*, andererseits zur Messung im Rücklauf *RL*. Beide Einheiten erfassen sowohl den Volumenfluss als auch die Temperatur des Kühlmediums. Auf diesen gemessenen Temperaturen basieren viele Aussagen des experimentellen Abgleichs. In den Kapiteln 4, 5 und 6 werden sie mit den geschätzten Temperaturen der Beobachtermodelle verglichen und dienen somit als Referenz für die Bewertung der Modellgenauigkeit.

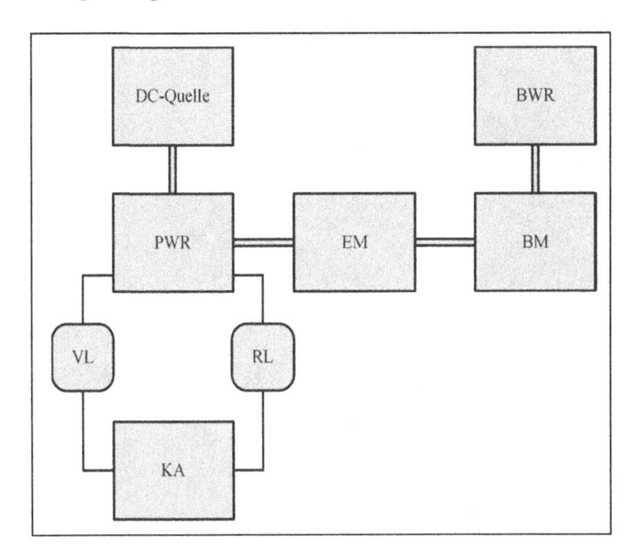

Abbildung 2.11: Aufbau des Prüfstands.

3 Modellbildung - Methode, Nomenklatur und Identifikation

Dieses Kapitel behandelt den systematischen Ansatz, der für die thermische Modellbildung dieser Arbeit entwickelt wurde. Zunächst adressiert das erste Teilkapitel 3.1 die erarbeitete Methode in einer allgemeinen Form, wobei die benötigten Vektoren und Matrizen zur Darstellung im Zustandsraum in einer geeigneten Nomenklatur eingeführt werden. Das zweite Teilkapitel 3.2 beschreibt die entwickelte Vorgehensweise zur Parameteridentifikation. Die einzelnen Schritte werden anhand eines einfachen 6-dimensionalen Modells veranschaulicht.

3.1 Methode und Nomenklatur

Die in dieser Arbeit entwickelte Methode zur Modellbildung basiert auf einem *physikalisch interpretierbaren* thermischen Netzwerk. Das thermische Netzwerk besteht aus mehreren Temperaturknoten bspw. T_i, T_j, die jeweils eine zugehörige thermische Kapazität K_i, K_j besitzen und untereinander über Wärmeleitwerte $G_{i,j}$ gekoppelt sind.

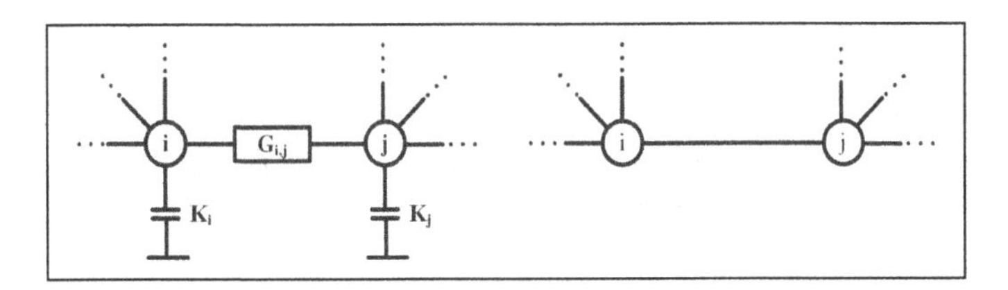

Abbildung 3.1: Knotenbeispiel für das thermische Netzwerk. Rechts in vereinfachter Darstellung.

Jeder Temperaturknoten bildet den dynamischen bzw. zeitlichen Temperaturverlauf eines lokalisierten Ortes innerhalb der modellierten Komponente ab. Die Anzahl der Knoten bzw. die Dimension des Netzwerks wird dabei so gewählt, dass mindestens die relevanten Temperaturen wie Halbleitertemperaturen von IGBT und Diode, die Sensortemperaturen und die Kühlwassertemperatur enthalten sind. Zusätzliche Temperaturknoten können eingefügt werden, um die Dynamik des Wärmeflusses zwischen Halbleiter und Kühlwasser genauer abzubilden. Zur Herleitung der einzelnen Matrizen für die Zustandsraumdarstellung werden die Temperaturknoten der Halbbrückenmodelle im Zustandsvektor in folgender Reihenfolge angeordnet:

- Sensortemperaturen
- Temperaturen der thermisch aktiven Knotenpunkte
  → Bauteile, die Verlustleistung erzeugen
- zusätzliche Stützpunkte zur Modellierung der Wärmeleitung
  → innere Temperaturknoten
- Temperatur der Randbedingung
  → Temperatur der Störgröße.

Die Dimension n_{TM} des Temperaturmodells (Index: TM) ist durch die Anzahl aller Temperaturknoten gegeben:

$$n_{TM} = n_s + n_a + n_z + 1, \qquad \text{Gl. 3.1}$$

wobei n_s die Anzahl der Sensoren, n_a die Anzahl der aktiven Knotenpunkte und n_z die Anzahl der zusätzlichen Stützpunkte ist. Hinzu kommt ein Zustand für die Beschreibung der Störgröße. Die Temperaturen $T_1, ..., T_{n_{TM}}$ sind gemäß der oben definierten Reihenfolge im Zustandsvektor x_{TM} angeordnet.

$$x_{TM} = \begin{bmatrix} T_1 \\ \vdots \\ T_{n_s} \\ \vdots \\ T_{n_s+n_a} \\ \vdots \\ T_{n_s+n_a+n_z} \\ T_{n_{TM}} \end{bmatrix} \qquad \text{Gl. 3.2}$$

Die Wärmeleitwerte $G_{i,j}$ beschreiben, wie die Temperaturknoten T_i und T_j durch Wärmeaustausch miteinander wechselwirken. Physikalisch betrachtet wird der Wärmefluss $Q_{i,j}$ von Knoten i zu Knoten j durch

$$Q_{i,j} = (T_i - T_j)G_{i,j} \qquad \text{Gl. 3.3}$$

beschrieben [8]. Innerhalb der Temperaturmodelle wird die Wärmeleitung bidirektional gemäß

$$G_{i,j} = G_{j,i} \forall i \neq j\,,\, i = 1, ..., (n_{TM} - 1)\; j = 2, ..., n_{TM} \qquad \text{Gl. 3.4}$$

betrachtet und die Indizes der Leitwerte in aufsteigender Reihenfolge dargestellt. Die Leitwerte bilden die Einträge der Knotenadmittanzmatrix Y_{TM}, die zur Beschreibung der Kopplungsstruktur des thermischen Netzwerks eingeführt wird [21].

Im Fall eines Modells mit vollständiger Vernetzung, d.h. wenn jeder Temperaturknoten mit allen anderen Temperaturknoten verbunden ist, gilt

$$Y_{TM} = \begin{bmatrix} -G_1^S & G_{1,2} & G_{1,3} & \cdots & G_{1,n_{TM}-1} \\ G_{1,2} & -G_2^S & G_{2,3} & \cdots & G_{2,n_{TM}-1} \\ G_{1,3} & G_{2,3} & -G_3^S & \cdots & G_{3,n_{TM}-1} \\ \vdots & \vdots & \vdots & \ddots & \vdots \\ G_{1,n_{TM}-1} & G_{2,n_{TM}-1} & G_{3,n_{TM}-1} & \cdots & -G_{n_{TM}-1}^S \end{bmatrix}. \qquad \text{Gl. 3.5}$$

Die Diagonalelemente $G_i^S \,\forall\, i = 1, ..., n_{TM} - 1$ entsprechen der Summe der restlichen Zeilenelemente, so dass für jede Zeile die Kirchhoffsche Knotenregel gemäß

$$\sum_{k=1}^{n_{TM}-1} (Y_{TM}(i,k)) = 0 \,\forall\, i = 1, ..., n_{TM} - 1 \qquad \text{Gl. 3.6}$$

erfüllt ist.

Zur Berücksichtigung der Störgröße wird ähnlich zu der Vorgehensweise in Kapitel 2.3 (Gleichungen 2.15 und 2.16) als weitere Submatrix der Vektor der Leitwerte g_{TM} definiert durch

$$g_{TM} = \begin{bmatrix} G_{1,n_{TM}} \\ \vdots \\ G_{n_{TM}-1,n_{TM}} \end{bmatrix}. \qquad \text{Gl. 3.7}$$

Während die Leitwerte das stationäre Verhalten des Modells beschreiben, bestimmen die Kapazitäten, wie schnell oder langsam sich der stationäre Zustand einstellt. Jedem Temperaturknoten 1 bis $n_{TM}-1$ wird daher eine thermische Kapazität $K_1,....,K_{n_{TM}-1}$ zugeordnet. Die Änderung der Temperatur eines Knotens $\dot{T}_j$ erfolgt proportional zum Wärmefluss und umgekehrt proportional zu seiner thermischen Kapazität, d.h.

$$\dot{T}_j = \frac{Q_{i,j}}{K_j} = \frac{(T_i - T_j)G_{i,j}}{K_j}. \quad \text{Gl. 3.8}$$

Die Kühlwassertemperatur, die als Störgröße auf das System wirkt, besitzt keine thermische Kapazität, so dass der Vektor der Kapazitäten k_{TM} als

$$k_{TM} = \begin{bmatrix} K_1 \\ \vdots \\ K_{n_{TM}-1} \end{bmatrix} \quad \text{Gl. 3.9}$$

geschrieben werden kann.

Mit Y_{TM}, k_{TM} und g_{TM} kann man die Dynamikmatrix A_{TM} wie folgt konstruieren:

$$A_{TM} = \begin{bmatrix} K_{TM}^{-D} & 0_{n_{TM}-1,1} \\ 0_{1,n_{TM}-1} & 1 \end{bmatrix} \cdot \begin{bmatrix} Y_{TM} - G_{TM}^D & g_{TM} \\ 0_{1,n_{TM}-1} & 0 \end{bmatrix}. \quad \text{Gl. 3.10}$$

Dabei ist G_{TM}^D die Diagonalmatrix (hochgestelltes D) des Vektors g_{TM}:

$$G_{TM}^D = \text{diag}(g_{TM}), \quad \text{Gl. 3.11}$$

so dass, trotz des Einflusses von g_{TM} auf die Zustände, die Zeilensumme der Dynamikmatrix analog zu Gleichung 3.6 weiterhin gleich 0 ist und somit die Kirchhoffsche Knotenregel erfüllt bleibt.

Des Weiteren ist K_{TM}^{-D} die inverse Diagonalmatrix (hochgestelltes $-D$) des Vektors k_{TM}:

$$K_{TM}^{-D} = (\text{diag}(k_{TM}))^{-1}. \quad \text{Gl. 3.12}$$

Die zusammengesetzte Darstellung der Dynamikmatrix aus Gleichung 3.10 ist elementar für die systematische Modellbildung der folgenden Kapitel.

Die Verlustleistungen in den n_a thermisch aktiven Temperaturknoten bilden die Eingangsgrößen des thermischen Modells und beschreiben den Eingangsvektor u_{TM} gemäß:

$$u_{TM} = \begin{bmatrix} P_1 \\ P_2 \\ \vdots \\ P_{n_a} \end{bmatrix}. \qquad \text{Gl. 3.13}$$

Um die Verlustleistungen $P_1, ..., P_{n_a}$ auf die entsprechenden Temperaturknoten abzubilden, wird die Verlustmatrix V_{TM} folgendermaßen definiert:

$$V_{TM} = \begin{bmatrix} 0_{n_s,n_a} \\ I_{n_a} \\ 0_{n_z+1,n_a} \end{bmatrix}. \qquad \text{Gl. 3.14}$$

Da die Sensoren thermisch inaktiv sind, also keine Verlustleistung erzeugen, sind die ersten n_s Zeilen durch die Nullmatrix $0_{n_s,n_a}$ gefüllt, gefolgt von der Einheitsmatrix I_{n_a} mit derselben Dimension wie die Anzahl an thermisch aktiven Bauteilen n_a. Die verbleibenden Zeilen werden durch die Nullmatrix $0_{n_z+1,n_a}$ beschrieben, so dass V_{TM} insgesamt n_{TM} Zeilen und n_a Spalten besitzt. Die Beschreibung der Eingangsmatrix B_{TM} hat in dieser Nomenklatur dann eine Form analog zu Gleichung 3.10:

$$B_{TM} = \begin{bmatrix} K_{TM}^{-D} & 0_{n_{TM}-1,1} \\ 0_{1,n_{TM}-1} & 1 \end{bmatrix} \cdot V_{TM} \qquad \text{Gl. 3.15}$$

und beschreibt, dass die Erwärmung der Halbleiter durch die Verlustleistungen umgekehrt proportional zu den jeweils wirksamen thermischen Kapazitäten erfolgt.

Der Ausgangsvektor des Systems beschreibt alle messbaren Temperaturen. Da in der gewählten Nomenklatur die Sensortemperaturen die ersten n_s Temperaturen im Zustandsvektor sind, ist die Ausgangsmatrix folgendermaßen aufgebaut:

$$C_{TM} = \begin{bmatrix} I_{n_s} & 0_{n_s,n_{TM}-n_s} \end{bmatrix}. \qquad \text{Gl. 3.16}$$

Durch die Einheitsmatrix I_{n_s} werden die Sensortemperaturen auf den Ausgangsvektor abgebildet, während die verbleibenden $n_{TM} - n_s$ Zustände keine direkte Auswirkung auf den Ausgang haben.

Da die Verlustleistungen keine sprunghafte Änderung der Sensortemperaturen bewirken, ist die Durchgriffsmatrix D_{TM} gleich 0 gemäß

$$D_{TM} = 0_{n_s,n_a} \qquad \text{Gl. 3.17}$$

und kann im Folgenden vernachlässigt werden.

Mit diesen Vektoren und Matrizen lassen sich die Modellgleichungen gemäß 2.1 und 2.2 für das allgemeine Temperaturmodell folgendermaßen schreiben:

$$\dot{x}_{TM} = A_{TM}x_{TM} + B_{TM}u_{TM} \qquad \text{Gl. 3.18}$$

$$y_{TM} = C_{TM}x_{TM}. \qquad \text{Gl. 3.19}$$

Die Zusammensetzung der allgemeinen Modellstruktur wirkt an dieser Stelle sehr abstrakt. Im weiteren Verlauf der Arbeit wird sich aber zeigen, wie durch den systematischen Ansatz einzelne Modellerweiterungen anschaulich und strukturiert durchgeführt werden können. Im nächsten Kapitel wird ein Verfahren zur Parameteridentifikation der thermischen Modelle vorgestellt und anhand eines einfachen Beispielsystems veranschaulicht.

3.2 Identifikationsverfahren

Nachdem im vorangegangen Abschnitt die grundsätzliche Methode und Struktur der thermischen Modelle definiert wurden, wird im zweiten Schritt ein geeigneter Ansatz zur Identifikation der Parameter adressiert.

Grundlage für die Parameteridentifikation bilden räumlich und zeitlich hochaufgelöste FEM (Finite Element Methode) - Simulationen, wie in Abbildung 3.2 beispielhaft gezeigt. Neben den Halbleitertemperaturen werden außerdem die Temperaturen der benötigten Zusatzknoten ausgewertet. Im Beispiel sind dies die Temperaturverläufe von den Temperaturknoten im Kupfersubstrat und im Kühler. Die Anzahl an durchzuführenden Simulationen wird dabei durch die Anzahl der thermisch aktiven Bauteile bestimmt, indem bei einer Simulation ein Bauteil durch sprungförmige Verlustleistung belastet wird, während alle weiteren Bauteile inaktiv bleiben. Dieses Vorgehen führt zu einer Vielzahl linear unabhängiger Temperaturverteilungen, die sich dann zur Parameteridentifikation der Modelle eignen. Das in dieser Arbeit erarbeitete Identifikationsverfahren umfasst vier Schritte, die in Abbildung 3.3 dargestellt sind. In den

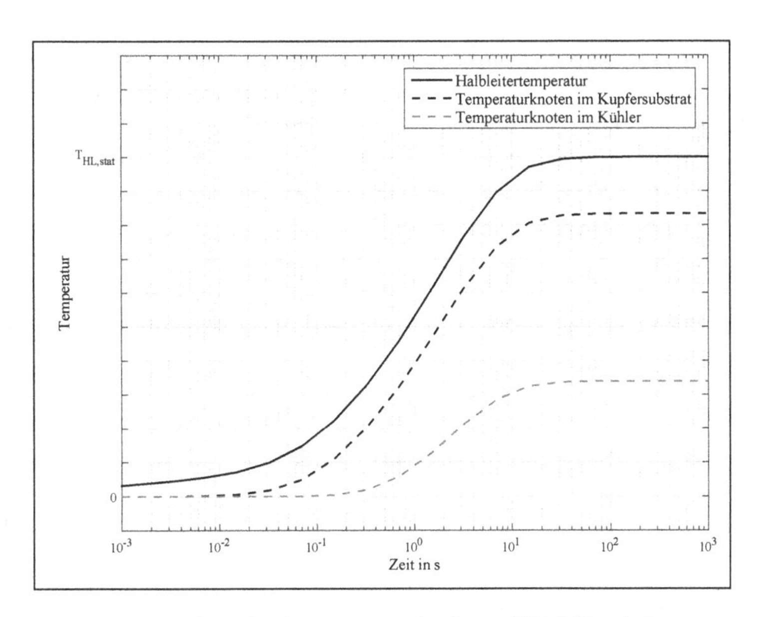

Abbildung 3.2: Exemplarische Temperaturverläufe aus FEM-Simulation.

folgenden Teilabschnitten werden die einzelnen Schritte anhand eines Beispielmodells erläutert.

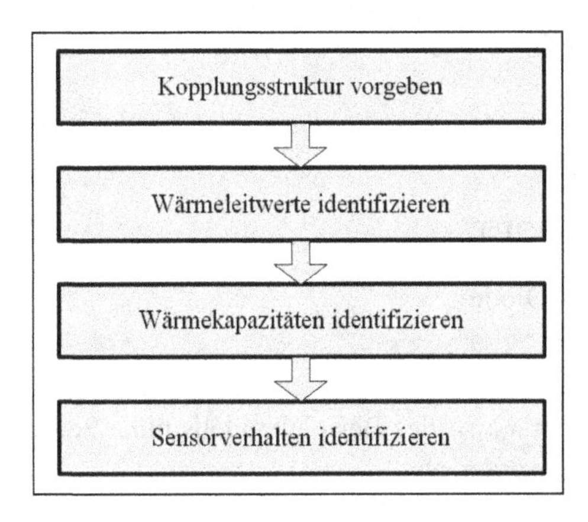

Abbildung 3.3: Identifikationsverfahren für Halbbrückenmodelle.

Zunächst werden in den Schritten 1-3 die Parameter für ein thermisches Ersatznetzwerk ohne die Sensortemperatur bestimmt. Im ersten Schritt in Kapitel

3.2.1 wird die Kopplungsstruktur des thermischen Netzwerks festgelegt, gefolgt von der Bestimmung der Wärmeleitwerte in Kapitel 3.2.2. Anschließend werden in Abschnitt 3.2.3 die Wärmekapazitäten identifiziert. Die getrennte Identifikation von Wärmeleitwerten und Wärmekapazitäten findet bereits bei anderen Methoden Anwendung [22]. Neu bei dem hier vorgestellten Verfahren ist der abschließende vierte Schritt, der sich mit der separaten Einbindung des Sensorverhaltens befasst und in Kapitel 3.2.4 erläutert wird.

Für das Beispiel (Index: *bsp*) wird ein Modell mit insgesamt $n_{bsp} = 6$ Knoten verwendet:

- Sensor $n_s = 1$
- zwei aktive Bauteile (IGBT und Diode) $n_a = 2$
- zwei zusätzliche Stützpunkte zur Beschreibung der Wärmeleitung (innere Temperaturknoten) $n_z = 2$
- eine Kühlwasserrandbedingung, Störgröße = 1 Zustand.

Wie bereits angesprochen, wird erst im vierten Schritt das Gesamtmodell (Index: *ges*) gebildet, während die ersten 3 Identifikationsschritte ohne Berücksichtigung des Sensors (sensorlos, Index: *sl*) durchgeführt werden. Gemäß der festgelegten Reihenfolge aus Abschnitt 3.1 werden die verbleibenden Temperaturen folgendermaßen angeordnet:

2: IGBT

3: Diode

4: Kühler unter IGBT

5: Kühler unter Diode

6: Kühlwasser (Index: *KW*).

Der Zustandsvektor $x_{bsp,sl}$ des Beispielmodells ohne Sensortemperatur kann somit geschrieben werden als

$$x_{bsp,sl} = \begin{bmatrix} T_{IGBT} \\ T_{Diode} \\ T_{unterIGBT} \\ T_{unterDiode} \\ T_{KW} \end{bmatrix} \overset{\text{bzw.}}{=} \begin{bmatrix} T_2 \\ T_3 \\ T_4 \\ T_5 \\ T_6 \end{bmatrix}. \qquad \text{Gl. 3.20}$$

Analog zu Gleichung 3.18 lautet die Dynamikgleichung des Beispielsystems ohne Temperatursensor

$$\dot{x}_{bsp,sl} = A_{bsp,sl} x_{bsp,sl} + B_{bsp,sl} u_{bsp}, \qquad \text{Gl. 3.21}$$

wobei die thermisch aktiven Zustände (hier IGBT und Diode) durch die entsprechenden Verlustleistungen P_{IGBT} und P_{Diode} erwärmt werden. Der zugehörige Eingangsvektor $u_{bsp,ges}$ fasst die Verlustleistungen zusammen und ist dabei unabhängig von der Einbindung des Sensors durch

$$u_{bsp,ges} = u_{bsp,sl} = \begin{bmatrix} P_{IGBT} \\ P_{Diode} \end{bmatrix} \qquad \text{Gl. 3.22}$$

gegeben. Die thermisch aktiven Zustände in $V_{bsp,sl}$ gemäß Gleichung 3.14 sind im Beispiel definiert als

$$V_{bsp,sl} = \begin{bmatrix} 1 & 0 \\ 0 & 1 \\ 0 & 0 \\ 0 & 0 \\ 0 & 0 \end{bmatrix}. \qquad \text{Gl. 3.23}$$

Im nächsten Schritt wird das Modell um die thermischen Kapazitäten $K_2, ..., K_5$ der einzelnen Knotenpunkte ergänzt. Der Vektor der Kapazitäten $k_{bsp,sl}$ ist dabei definiert durch

$$k_{bsp,sl} = \begin{bmatrix} K_2 \\ K_3 \\ K_4 \\ K_5 \end{bmatrix}. \qquad \text{Gl. 3.24}$$

Die Erwärmung der Halbleiter durch die Verlustleistungen erfolgt proportional zum Kehrwert der thermischen Kapazität des jeweiligen Halbleiters. Folglich kann die Eingangsmatrix $B_{bsp,sl}$ entsprechend Gleichung 3.15 durch linksseitige Multiplikation der inversen Diagonalmatrix der Kapazitäten $K_{bsp,sl}^{-D}$ berechnet werden.

$$B_{bsp,sl} = \begin{bmatrix} K_{bsp,sl}^{-D} & 0_{4,1} \\ 0_{1,4} & 1 \end{bmatrix} \cdot V_{bsp,sl} = \begin{bmatrix} \frac{1}{K_2} & 0 \\ 0 & \frac{1}{K_3} \\ 0 & 0 \\ 0 & 0 \\ 0 & 0 \end{bmatrix}. \qquad \text{Gl. 3.25}$$

Auf diese einleitenden Definitionen baut das erarbeitete Verfahren zur Parameteridentifikation auf, das in den folgenden Abschnitten näher erläutert wird.

3.2.1 Schritt 1: Kopplungsstruktur und Knotenadmittanzmatrix

Der erste Schritt befasst sich mit der Vorgabe der Kopplungsstruktur und der Bestimmung der zugehörigen Knotenadmittanzmatrix. Durch die Kopplungsstruktur wird einerseits die Anzahl der Wärmeleitwerte innerhalb des Netzwerkmodells festgelegt und andererseits wie die Temperaturknoten miteinander gekoppelt sind. Abbildung 3.4 zeigt eine einfache Netzwerkstruktur des Beispielmodells. Die Halbleiter IGBT und Diode haben jeweils einen unabhängigen Entwärmungspfad. Dieser Ansatz passt zu einem System, bei dem IGBT und Diode hinreichend weit voneinander entfernt beziehungsweise thermisch isoliert sind, und somit keine gegenseitige Erwärmung stattfindet.

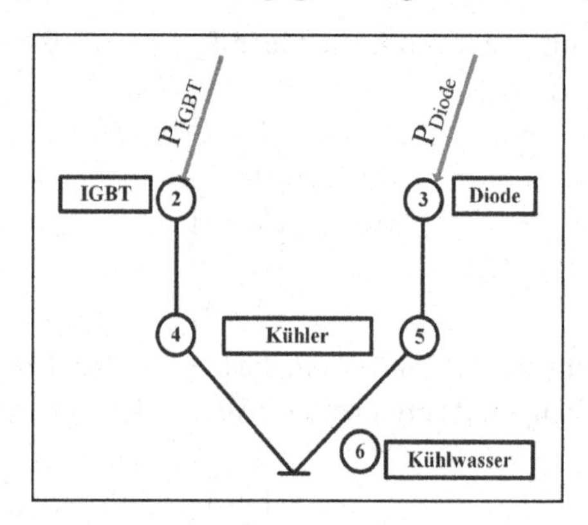

Abbildung 3.4: Netzwerkstruktur für das Beispielsystem ohne Sensor.

Die zugehörige Kopplungsstruktur ist in Tabelle 3.1 gezeigt.

Tabelle 3.1: Kopplungsstruktur für das Beispielsystem ohne Sensor

	IGBT	Diode	unter IGBT	unter Diode	Kühlwasser
IGBT	-	0	1	0	0
Diode		-	0	1	0
unter IGBT			-	0	1
unter Diode				-	1
Kühlwasser					-

Die mit „1" markierten Einträge geben an, welche Leitwerte zur Modellierung verwendet werden. Dabei wird für jede „1" ein Leitwert in die Knotenadmittanzmatrix $Y_{bsp,sl}$ eingetragen. Bedingt durch die bidirektionale Wärmeleitung laut Gleichung 3.4 werden die Leitwerte an der Diagonalen gespiegelt. Die Diagonalelemente selbst sind durch die negative Summe der restlichen Zeileneinträge gegeben, so dass die Kirchhoffsche Knotenregel gemäß Gleichung 3.6 erfüllt ist. Für das Beispiel aus Abbildung 3.4 lautete die Knotenadmittanzmatrix $Y_{bsp,sl}$ also

$$Y_{bsp,sl} = \begin{bmatrix} -G_{2,4} & 0 & G_{2,4} & 0 \\ 0 & -G_{3,5} & 0 & G_{3,5} \\ G_{2,4} & 0 & -G_{2,4} & 0 \\ 0 & G_{3,5} & 0 & -G_{3,5} \end{bmatrix}. \qquad \text{Gl. 3.26}$$

Um den Einfluss des Kühlwassers zu beschreiben, werden die Leitwerte gemäß der letzten Spalte der Kopplungsstruktur in den Vektor $g_{bsp,sl}$ eingetragen:

$$g_{bsp,sl} = \begin{bmatrix} 0 \\ 0 \\ G_{4,6} \\ G_{5,6} \end{bmatrix}, \qquad \text{Gl. 3.27}$$

wobei die zugehörige Diagonalmatrix $G^D_{bsp,sl}$ durch

$$G^D_{bsp,sl} = \begin{bmatrix} 0 & 0 & 0 & 0 \\ 0 & 0 & 0 & 0 \\ 0 & 0 & G_{4,6} & 0 \\ 0 & 0 & 0 & G_{5,6} \end{bmatrix} \qquad \text{Gl. 3.28}$$

gegeben ist.

Mit Hilfe der Gleichungen 3.24, 3.26, 3.27 und 3.28 kann die Dynamikmatrix $A_{bsp,sl}$ entsprechend Gleichung 3.10 gebildet werden:

$$A_{bsp,sl} = \begin{bmatrix} K^{-D}_{bsp,sl} & 0_{4,1} \\ 0_{1,4} & 1 \end{bmatrix} \cdot \begin{bmatrix} Y_{bsp,sl} - G^D_{bsp,sl} & g_{bsp,sl} \\ 0_{1,4} & 0 \end{bmatrix}$$

$$= \begin{bmatrix} -\frac{G_{2,4}}{K_2} & 0 & \frac{G_{2,4}}{K_2} & 0 & 0 \\ 0 & -\frac{G_{3,5}}{K_3} & 0 & \frac{G_{3,5}}{K_3} & 0 \\ \frac{G_{2,4}}{K_4} & 0 & -\frac{G_{2,4}+G_{4,6}}{K_4} & 0 & \frac{G_{4,6}}{K_4} \\ 0 & \frac{G_{3,5}}{K_5} & 0 & -\frac{G_{3,5}+G_{5,6}}{K_5} & \frac{G_{5,6}}{K_5} \\ 0 & 0 & 0 & 0 & 0 \end{bmatrix}. \qquad \text{Gl. 3.29}$$

So kann auf Basis der in Kapitel 3.1 definierten Vorgehensweise die Dynamikmatrix $A_{bsp,sl}$ aus einzelnen Submatrizen und Vektoren zusammengesetzt werden. Ziel der nächsten Schritte in Kapitel 3.2.2 und 3.2.3 ist die Identifikation geeigneter Werte für die Leitwerte und Kapazitäten.

3.2.2 Schritt 2: Identifikation Wärmeleitwerte

Zur Bestimmung der Wärmeleitwerte wird in dieser Arbeit der stationäre bzw. eingeschwungene Zustand des Systems verwendet. Im stationären Fall gilt

$$\dot{x}_{bsp,sl,stat} = 0, \qquad \text{Gl. 3.30}$$

wenn die Verlustleistungen P_{IGBT} und P_{Diode}, bzw. $u_{bsp,sl} = u_{bsp,sl,stat}$ konstant sind. Unter Verwendung der Gleichungen 3.25 und 3.29 und nach einer linksseitigen Multiplikation mit der Kapazitätsmatrix $K^D_{bsp,sl}$ kann aus der Dynamikgleichung 3.21 im stationären Fall folgendes Gleichungssystem abgeleitet werden:

$$0 = \begin{bmatrix} Y_{bsp,sl} - G^D_{bsp,sl} & g_{bsp,sl} \\ 0_{1,4} & 0 \end{bmatrix} x_{bsp,sl,stat} + V_{bsp,sl} u_{bsp,sl,stat}. \qquad \text{Gl. 3.31}$$

Da diese Gleichung unabhängig von den noch unbekannten Kapazitäten K_2, K_3, K_4 und K_5 ist, können die in $Y_{bsp,sl}$ und $g_{bsp,sl}$ enthaltenen Leitwerte $G_{2,4}$, $G_{3,5}$, $G_{4,6}$ und $G_{5,6}$ bestimmt werden. Hierfür wird das Gleichungssystem folgendermaßen umgestellt:

$$-\begin{bmatrix} T_4 - T_2 & 0 & 0 & 0 \\ 0 & T_5 - T_3 & 0 & 0 \\ T_2 - T_4 & 0 & T_6 - T_4 & 0 \\ 0 & T_3 - T_5 & 0 & T_6 - T_5 \\ 0 & 0 & 0 & 0 \end{bmatrix} \begin{bmatrix} G_{2,4} \\ G_{3,5} \\ G_{4,6} \\ G_{5,6} \end{bmatrix} = \begin{bmatrix} 1 & 0 \\ 0 & 1 \\ 0 & 0 \\ 0 & 0 \\ 0 & 0 \end{bmatrix} \begin{bmatrix} P_{IGBT,stat} \\ P_{Diode,stat} \end{bmatrix}, \qquad \text{Gl. 3.32}$$

wobei die Werte $T_2, ..., T_6$ die stationären Temperaturen des Zustandsvektors $x_{bsp,sl,stat}$ sind, die z.B. aus einer Finite Element Berechnung der komplexen Struktur ermittelt werden. Innerhalb des Gleichungssystems kann die letzte Zeile bzw. Gleichung mit $0 = 0$ eliminiert werden.

Wie eingangs beschrieben, wird die Identifikation so durchgeführt, dass jedes thermisch aktive Bauteil mit einem Einheitssprung belastet wird, während alle weiteren inaktiv bleiben. Diese Methode funktioniert, da das FEM Modell wie auch das Zustandsraummodell linear sind und somit das Verstärkungsprinzip angewendet werden kann. Für das Beispielsystem wird das Gleichungssystem in 3.32 folglich zwei Mal aufgestellt:

- Belastung des IGBTs: $\begin{bmatrix} P_{IGBT,stat} \\ P_{Diode,stat} \end{bmatrix} = \begin{bmatrix} 1 \\ 0 \end{bmatrix}$
- Belastung der Diode: $\begin{bmatrix} P_{IGBT,stat} \\ P_{Diode,stat} \end{bmatrix} = \begin{bmatrix} 0 \\ 1 \end{bmatrix}$.

Da das resultierende Gleichungssystem mit 8 Gleichungen und 4 Unbekannten überbestimmt ist, wird eine Ausgleichsrechnung [14] durchgeführt, um die Leitwerte zu bestimmen.

3.2.3 Schritt 3: Identifikation Wärmekapazitäten

Zur Identifikation der Wärmekapazitäten wird das transiente Verhalten der Temperaturen verwendet. Die Wärmekapazitäten werden so bestimmt, dass das zeitliche Verhalten von Kompaktmodell $x_{bsp,sl}$ und hochaufgelösten FEM-Simulationen $x_{FEM,sl}$ möglichst gut übereinstimmen, also die Abweichung

$$\Delta x_{ident,sl} = (x_{FEM,sl} - x_{bsp,sl}) \qquad \text{Gl. 3.33}$$

der Identifikation möglichst gering ist. Hierzu wird ein quadratisches Fehlerfunktional J_{ident} definiert:

$$J_{ident} = \sum_{i} \Delta x^{T}_{ident,sl}(i) \cdot \Delta x_{ident,sl}(i), \qquad \text{Gl. 3.34}$$

wobei i die Abtastzeitpunkte der Sprungantworten sind. Es ist günstig, eine logarithmische Abtastung zu verwenden, so dass jedem Frequenzbereich gleich viele Stützpunkte und demzufolge Anteile am Kostenfunktional zugeordnet werden. In den Abbildungen 3.5 und 3.6 ist ein Vergleich zwischen linearer und logarithmischer Abtastung der exemplarischen Sprungantwort aus Abbildung 3.2 abgebildet.

Bei linearer Abtastung werden der stationären Phase (hier: $> 50s$) deutlich mehr Stützpunkte zugeordnet als der transienten Phase ($< 50s$). Im Fall einer logarithmischen Abtastung ist dieses Verhältnis ausgeglichen. Eine andere

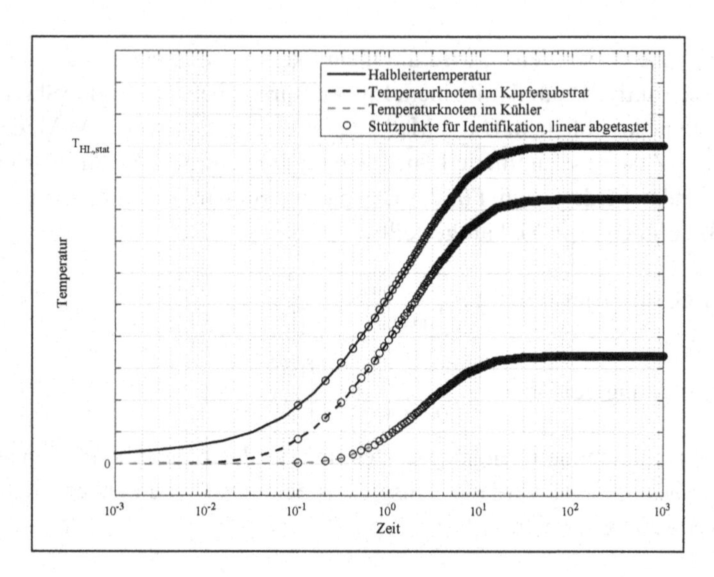

Abbildung 3.5: Sprungantwort mit Stützpunkten für die Identifikation der Kapazitäten bei linearer bzw. äquidistanter Abtastung.

zeitliche Abtastung ist ebenfalls denkbar, beispielsweise um die Genauigkeit in bestimmten Zeit-/Frequenzbereichen zu verbessern [24].

3.2.4 Schritt 4: Sensorverhalten

Grundsätzlich könnte das Sensorverhalten direkt aus den FEM-Simulationen bestimmt werden und bereits zu Beginn der Modellbildung berücksichtigt werden. Das in dieser Arbeit entwickelte zweistufige Verfahren der Modellbildung beruht auf dem Prinzip, dass der Sensor als Messeinrichtung keinen Einfluss auf das dynamische Verhalten der Temperaturen innerhalb des Leistungsmoduls hat. Dieses Vorgehen bietet folgende Vorteile:

- Erstens kann das Sensorverhalten entweder aus Simulationen oder aus Messungen in das Modell eingebettet werden.
- Zweitens können bei baugleichen Leistungsmodulen verschiedene Sensorplatzierungen untersucht werden
- und drittens können mehrere Sensoren gleichzeitig in das Modell integriert werden.

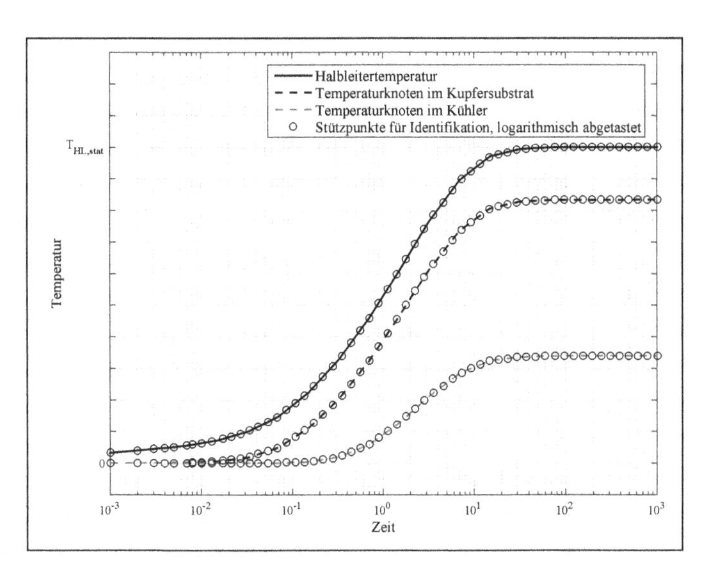

Abbildung 3.6: Sprungantwort mit Stützpunkten für die Identifikation der Kapazitäten bei logarithmischer Abtastung.

Die thermische Kopplung des Sensors an die zuvor beschriebenen Temperaturknoten des thermischen Ersatznetzwerks ist abhängig von der Positionierung des Sensors. Beispielsweise würde ein Sensor, der unmittelbar in der Nähe der Diode platziert ist, eine wesentlich höhere thermische Kopplung zur Diode zeigen, als zur Temperatur des IGBTs. Abbildung 3.7 zeigt eine denkbare thermische Ankopplung, wenn der Sensor zwischen IGBT und Diode platziert ist.

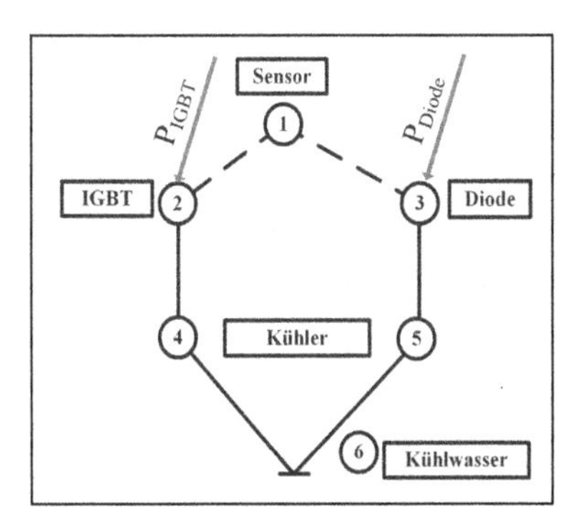

Abbildung 3.7: Netzwerkstruktur für das Beispielsystem mit Sensor.

Das bisher betrachtete thermische Beispielmodell ohne Sensor wird somit um einen weiteren Zustand ergänzt. Im ersten Schritt wird der Zustandsvektor um die Temperatur des Sensors T_{Sensor} ergänzt, wobei gemäß der eingeführten Nomenklatur aus Abschnitt 3.1 der Zustand des Sensors den Zuständen $x_{bsp,sl}$ vorne angestellt wird:

$$x_{bsp,ges} = \begin{bmatrix} T_{Sensor} \\ x_{bsp,sl} \end{bmatrix} = \begin{bmatrix} T_{Sensor} \\ T_{IGBT} \\ T_{Diode} \\ T_{unterIGBT} \\ T_{unterDiode} \\ T_{KW} \end{bmatrix}. \quad \text{Gl. 3.35}$$

Für die dynamische Beschreibung des Sensors werden nur die thermischen Leitwerte zum Sensor, nicht aber vom Sensor zu den Temperaturknoten modelliert. Dies ermöglicht eine separate Behandlung von Wärmeleitung im Leistungsmodul und der zugehörigen Messeinrichtung. Für die Dynamikmatrix folgt, dass die Zeile des Sensors mit Leitwerten zu den Temperaturknoten beschrieben ist, ohne die Leitwerte an der Diagonalen zu spiegeln (grau hervorgehoben):

$$A_{bsp,ges} = \begin{bmatrix} -\frac{G_{1,2}+G_{1,3}}{K_1} & \frac{G_{1,2}}{K_1} & \frac{G_{1,3}}{K_1} & 0 & 0 & 0 \\ 0 & -\frac{G_{2,4}}{K_2} & 0 & \frac{G_{2,4}}{K_2} & 0 & 0 \\ 0 & 0 & -\frac{G_{3,5}}{K_3} & 0 & \frac{G_{3,5}}{K_3} & 0 \\ 0 & \frac{G_{2,4}}{K_4} & 0 & -\frac{G_{2,4}+G_{4,6}}{K_4} & 0 & \frac{G_{4,6}}{K_4} \\ 0 & 0 & \frac{G_{3,5}}{K_5} & 0 & -\frac{G_{3,5}+G_{5,6}}{K_5} & \frac{G_{5,6}}{K_5} \\ 0 & 0 & 0 & 0 & 0 & 0 \end{bmatrix}. \quad \text{Gl. 3.36}$$

Die zusätzlichen Parameter $G_{1,2}$, $G_{1,3}$ und K_1 können durch ein vergleichbares Kostenfunktional zu Gleichung 3.34 entweder aus Simulationen oder aus Messungen identifiziert werden. Nach der Ergänzung des Sensors wird die Eingangsmatrix folgendermaßen angepasst:

$$B_{bsp,ges} = \begin{bmatrix} 0_{1,2} \\ B_{bsp,sl} \end{bmatrix} = \begin{bmatrix} 0 & 0 \\ \frac{1}{K_2} & 0 \\ 0 & \frac{1}{K_3} \\ 0 & 0 \\ 0 & 0 \\ 0 & 0 \end{bmatrix}. \quad \text{Gl. 3.37}$$

Die Ausgangsgleichung des Modells beschreibt den Zusammenhang zwischen Zustandsvektor $x_{bsp,ges}$ und Ausgangsvektor $y_{bsp,ges}$, abgebildet durch die Ausgangsmatrix $C_{bsp,ges}$. Der Ausgangsvektor $y_{bsp,ges}$ enthält alle messbaren Systemgrößen. Im Beispielsystem ist nur die Temperatur am Sensor T_s messbar, die nun an erster Stelle im Zustandsvektor $x_{bsp,ges}$ steht, somit gilt für das Beispielsystem

$$C_{bsp,ges} = \begin{bmatrix} 1 & 0 & 0 & 0 & 0 & 0 \end{bmatrix}. \qquad \text{Gl. 3.38}$$

Durch diesen Schritt sind alle Systemmatrizen und -vektoren beschrieben. Das Gesamtmodell setzt sich somit aus Dynamikgleichung 3.39 und Ausgangsgleichung 3.40 zusammen zu:

$$\dot{x}_{bsp,ges} = A_{bsp,ges} x_{bsp,ges} + B_{bsp,ges} u_{bsp,ges} \qquad \text{Gl. 3.39}$$

$$y_{bsp,ges} = C_{bsp,ges} x_{bsp,ges}. \qquad \text{Gl. 3.40}$$

3.2.5 Rekursion

Abschließend ist zu prüfen, ob sich die in Schritt 1 festgelegte Kopplungsstruktur zur Beschreibung der Temperaturverläufe eignet. Beeinflussen sich beispielsweise die Temperatur von IGBT und Diode gegenseitig, würde ein Modell mit der Struktur gemäß Abbildung 3.4 und der zugehörigen Kopplung aus Tabelle 3.1 charakteristische Abweichungen aufzeigen, da die gegenseitige Erwärmung nicht berücksichtigt werden kann. Eine Modellstruktur mit einem höheren Vernetzungsgrad vergleichbar zu Abbildung 3.8 eignet sich in diesem Fall besser.

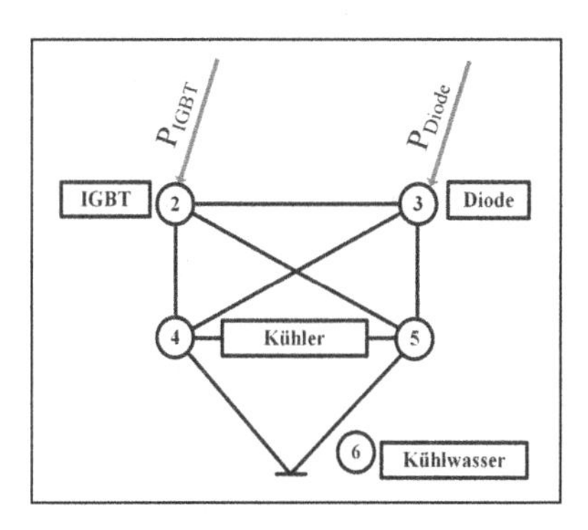

Abbildung 3.8: Netzwerkstruktur für das Beispielsystem ohne Sensor und mit höherem Vernetzungsgrad.

Durch den strukturierten Modellaufbau kann der Identifikationsalgorithmus auf einfache Weise für verschiedene Kopplungsstrukturen durchlaufen werden, um eine hinreichend genaue Abbildung der Temperaturverläufe zu erhalten.

3.3 Zusammenfassung

Die Modellbildung dieser Arbeit basiert auf einem physikalisch motivierten thermischen Netzwerk. Die Temperaturknoten des Netzwerks beschreiben das thermische Verhalten von lokalisierten Punkten innerhalb des Leistungsmoduls. Für die Parameteridentifikation wurde ein vierstufiges Verfahren eingeführt, das ausgehend von der Vorgabe einer Kopplungsstruktur zunächst die Wärmeleitwerte anhand des stationären Zustands bestimmt. Darauf folgt die Bestimmung der Wärmekapazitäten aus den transienten Temperaturverläufen. Abschließend wird das Verhalten des Temperatursensors in das Modell eingebunden und untersucht, ob eine Rekursion mit einer anderen Kopplungsstruktur notwendig ist.

Eine alternative Methode zur Bestimmung der Parameter wurde im Rahmen einer Bachelorarbeit [24] untersucht. Grundlage bildete die „direkte lineare Least-Square-Schätzung“ der Parameter, bei der Wärmeleitwerte und Wärmekapazitäten in ein gemeinsames quadratisches Problem überführt wurden. Mittels Lösung des quadratischen Problems können alle Parameter, Leitwerte und Kapazitäten gleichzeitig identifiziert werden. Es erfolgt also keine Trennung von stationärem und dynamischem Verhalten. Allerdings zeigt die Methode systematische Abweichungen, wenn das Modell mehrere Eingangsgrößen bzw. Halbleiter hat.

In der vorliegenden Arbeit bilden Halbbrückenmodelle mit bis zu vier Eingangsgrößen die Grundlage, weshalb die beschriebene alternative Methode ungeeignet ist. Die Parameter für die Halbbrückenmodelle dieser Arbeit wurden folglich mit dem in Kapitel 3.2 erläuterten Algorithmus identifiziert.

4 Temperaturmodell Halbbrücke

Dieses Kapitel widmet sich der thermischen Modellierung von einzelnen Halbbrückenmodulen. Dabei wird, wie in Kapitel 2.1 dargestellt, unterschieden, ob die Verlustleistungen als gleichmäßig bzw. symmetrisch auf die Halbleiter verteilt betrachtet werden können, oder ob asymmetrisch verteilte Verlustleistungen auftreten. Asymmetrisch verteilte Verlustleistungen treten immer dann auf, wenn die elektrische Maschine, die durch den Pulswechselrichter angesteuert wird, mit sehr kleinen Drehzahlen, im Stillstand oder im aktiven Kurzschluss betrieben wird. Bei hinreichend hoher Drehzahl erwärmen sich die Halbleiter gleichmäßig, wodurch die Annahme von symmetrisch verteilten Verlusten gerechtfertigt ist. In Teilkapitel 4.1 wird hierfür ein geeignetes Modell zur Rekonstruktion der Halbleitertemperaturen beschrieben. Für den Fall, dass asymmetrisch verteilte Verlustleistungen auftreten können, wird in Kapitel 4.2 ein erweitertes Modell vorgestellt. Die Unterscheidung in symmetrisch und asymmetrisch verteilte Verlustleistungen ist eine von drei Kategorien des in Kapitel 7 vorgestellten Modellbaukastens. Die Modellerweiterungen in Kapitel 5 und 6 bauen auf die hier vorgestellten Halbbrückenmodelle auf.

4.1 Halbbrückenmodell für symmetrisch verteilte Verlustleistungen

Das einfachste Modell des Baukastens eignet sich zur Temperaturüberwachung einer einzelnen Halbbrücke, die nur mit symmetrisch verteilten Verlustleistungen belastet wird. Voraussetzung ist zudem ein konstanter nominaler Kühlwasservolumenfluss $\dot{V}_{KW,nom}$. Im folgenden Abschnitt 4.1.1 wird das Modell ausführlich erläutert und mit Hilfe von Versuchsergebnissen in Kapitel 4.1.2 verifiziert.

4.1.1 Modellbeschreibung

Ausgehend von symmetrisch verteilten Verlustleistungen (Index *sV*) bezüglich HighSide (Index *HS*) und LowSide (Index *LS*), werden die Temperaturen von IGBT und Diode ebenfalls als symmetrisch angenommen, so dass

$$T_{IGBT,sV} = T_{IGBT,HS} = T_{IGBT,LS} \qquad \text{Gl. 4.1}$$

$$T_{Diode,sV} = T_{Diode,HS} = T_{Diode,LS} \qquad \text{Gl. 4.2}$$

gilt. Da der Temperatursensor in der Nähe des LowSide-Schalters platziert ist, werden die Temperaturen von LowSide-IGBT und LowSide-Diode zur Modellbildung verwendet. Abbildung 4.1 zeigt die Anordnung der Halbleiter auf der Grundplattenkupferschicht und den Sensor, der auf den Kupferclip der Oberseitenkontaktierung gelötet ist. Die Skizze zeigt die ersten drei Temperaturknoten des thermischen Netzwerks: Sensor, IGBT und Diode. Nach außen ist das Leistungsmodul durch eine Kunststoffummantelung abgeschlossen.

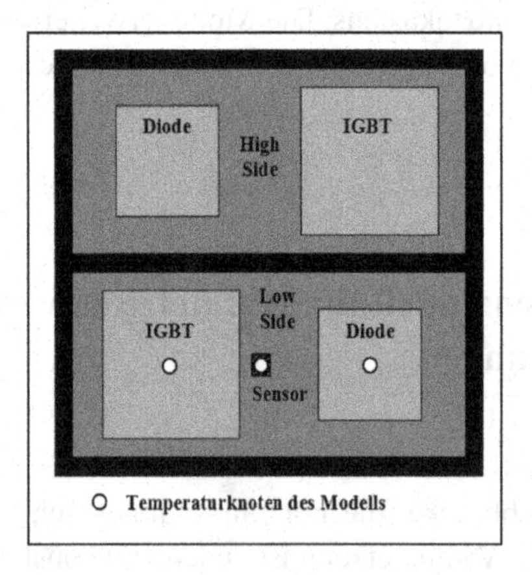

Abbildung 4.1: Anordnung der Halbleiter auf dem unteren Kupfersubstrat.

Die Entwärmung der Halbleiter ins Kühlwasser wird durch die in Abbildung 4.2 eingezeichneten Stützpunkte modelliert. Gezeigt ist ein Querschnitt durch den LowSide-Schalter des Moduls.

Die Temperaturknoten der Halbleiter IGBT und Diode werden senkrecht nach unten in die Grundplattenkupferschicht und den Kühler projiziert. Zusätzlich wird ein Temperaturknoten im Kühlerzentrum verwendet. Der letzte Temperaturknoten entspricht der Kühlwassertemperatur, die in diesem Modell als

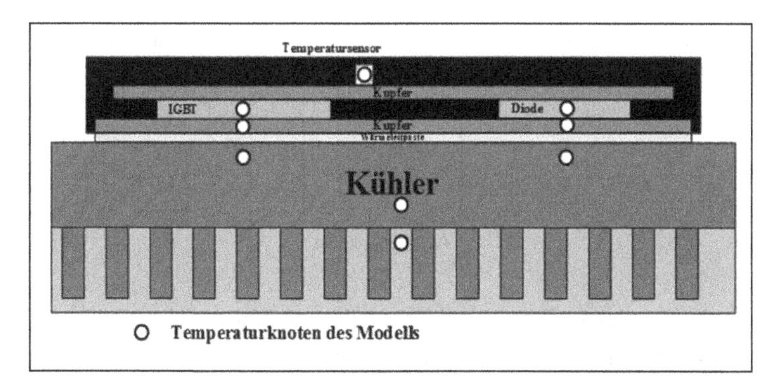

Abbildung 4.2: Querschnitt durch die LowSide des Leistungsmoduls.

Störgröße berücksichtigt wird. Das Temperaturmodell besteht folglich aus 9 Zuständen:

1: Sensor

2: IGBT

3: Diode

4: Kupferschicht, Projektion der IGBT-Temperatur

5: Kupferschicht, Projektion der Diodentemperatur

6: Kühlerschicht, Projektion der IGBT-Temperatur

7: Kühlerschicht, Projektion der Diodentemperatur

8: Kühlerzentrum

9: Kühlwasser (kurz: *KW*)

Die Zustandsraumbeschreibung des Halbbrückenmodells (Index *HB*) bei symmetrischer Verlustleistung ist durch die Gleichungen

$$\dot{x}_{HB,sV} = A_{HB,sV} x_{HB,sV} + B_{HB,sV} u_{HB,sV} \qquad \text{Gl. 4.3}$$

und

$$y_{HB,sV} = C_{HB,sV} x_{HB,sV} \qquad \text{Gl. 4.4}$$

gegeben. Der Zustandsvektor $x_{HB,sV}$ umfasst die Temperaturen der Knotenpunkte gemäß:

$$x_{HB,sV} = \begin{bmatrix} T_{Sensor} \\ T_{IGBT,sV} \\ \vdots \\ T_{Kühlerzentrum} \\ T_{KW} \end{bmatrix} = \begin{bmatrix} T_1 \\ T_2 \\ \vdots \\ T_8 \\ T_9 \end{bmatrix} \qquad \text{Gl. 4.5}$$

Eingang des Modells bilden die symmetrischen Verlustleistungen von IGBT $P_{IGBT,sV}$ bzw. Diode $P_{Diode,sV}$. Somit gilt für den Eingangsvektor

$$u_{HB,sV} = \begin{bmatrix} P_{IGBT,sV} \\ P_{Diode,sV} \end{bmatrix} \qquad \text{Gl. 4.6}$$

und die Eingangsmatrix gemäß Gleichung 3.15:

$$B_{HB,sV} = \begin{bmatrix} K_{HB,sV}^{-D} & 0_{8,1} \\ 0_{1,8} & 1 \end{bmatrix} \underbrace{\begin{bmatrix} 0_{1,2} \\ I_2 \\ 0_{6,2} \end{bmatrix}}_{V_{HB,sV}} . \qquad \text{Gl. 4.7}$$

Dabei ist $V_{HB,sV}$ die Verlustmatrix gemäß Gleichung 3.14 und $K_{HB,sV}^{-D}$ die inverse Diagonalmatrix von

$$k_{HB,sV} = \begin{bmatrix} K_1 \\ \vdots \\ K_8 \end{bmatrix}, \qquad \text{Gl. 4.8}$$

dem Vektor der Kapazitäten.

Die zugehörige Dynamikmatrix $A_{HB,sV}$ entsprechend Gleichung 3.10 setzt sich folgendermaßen zusammen:

$$A_{HB,sV} = \begin{bmatrix} K_{HB,sV}^{-D} & 0_{8,1} \\ 0_{1,8} & 1 \end{bmatrix} \begin{bmatrix} Y_{HB,sV} - G_{HB,sV}^{D} & g_{HB,sV} \\ 0_{1,8} & 0 \end{bmatrix} . \qquad \text{Gl. 4.9}$$

Die Knotenadmittanzmatrix $Y_{HB,sV}$ beschreibt in diesem Modell die Kopplungen der Temperaturknoten 1 – 8. Der Einfluss der Störgröße wird durch den Vektor $g_{HB,sV}$ und der zugehörigen Diagonalmatrix $G_{HB,sV}^{D}$ beschrieben, wobei der Vektor $g_{HB,sV}$ alle Leitwerte enthält, die gemäß der Kopplungsstruktur mit der Störgröße verbunden sind.

Die Bestimmung einer geeigneten Netzwerkstruktur ist, wie in Kapitel 3.2.5 diskutiert, abhängig vom jeweiligen Leistungsmodul. Zwei mögliche Netzwerke sind in Abbildung 4.3 gezeigt. Das Netzwerk links besitzt eine einfache Struktur, während rechts ein Netzwerk mit höherem Vernetzungsgrad gezeigt ist.

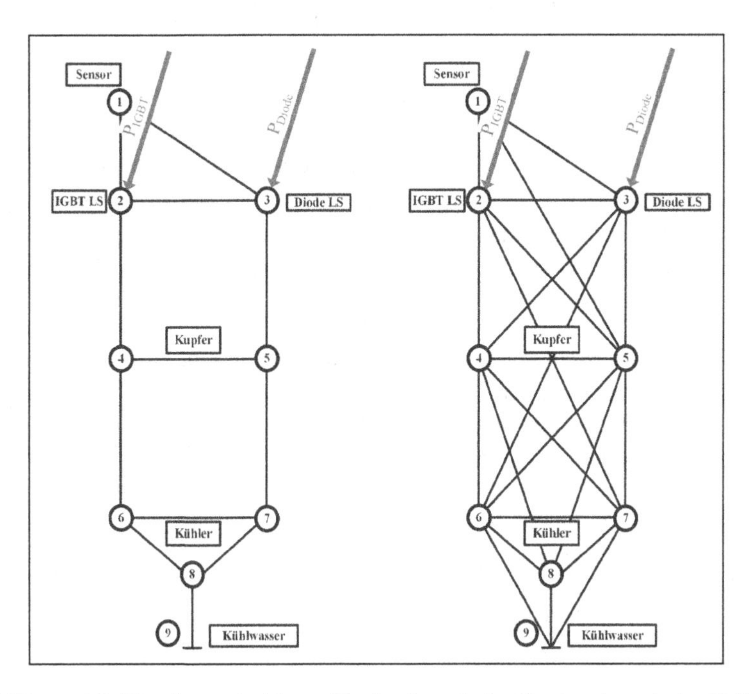

Abbildung 4.3: Kopplungsstrukturen für das thermische Ersatznetzwerk des Halbbrückenmodells mit symmetrischer Verlustleistung: einfacher Vernetzungsgrad links; hoher Vernetzungsgrad rechts.

Für die verschiedenen Netzwerkstrukturen kann der in Kapitel 3 vorgestellte Algorithmus zur Parameterbestimmung verwendet werden.

Unabhängig von der Netzwerkstruktur ist die Ausgangsmatrix $C_{HB,sV}$ definiert als

$$C_{HB,sV} = \begin{bmatrix} 1 & 0_{8,1} \end{bmatrix}. \qquad \text{Gl. 4.10}$$

Da jedes Leistungsmodul über einen Sensor verfügt und dieser gemäß der eingeführten Struktur dem ersten Zustand im Zustandsvektor entspricht, hat die Ausgangsmatrix eine 1 an erster Stelle und ist sonst mit 0 gefüllt.

Das Zustandsraummodell gemäß Gleichungen 4.3 und 4.4 kann nach der Identifikation der Parameter verwendet werden, um einen Beobachter zu entwerfen. Der Beobachter ist dann in der Lage, sowohl Halbleitertemperaturen als auch die Kühlwassertemperatur unterhalb des modellierten Moduls zu schätzen.

Wie bereits erwähnt werden die einzelnen Modelle dieser Arbeit in Kapitel 7 zu einem Modellbaukasten zusammengefasst. Zur Übersicht werden die Systemeigenschaften eines Modells jeweils am Ende des zugehörigen Kapitels in Form einer Tabelle dargestellt. Dabei sind die Systemeigenschaften durch die Anzahl an Zuständen, Eingängen und Ausgängen definiert. Des Weiteren wird die Anzahl der zusätzlichen Parameter angegeben, die für die Modellierung bei variablem Volumenstrom in Kapitel 6 zur Beschreibung der linear parametervarianten Modelle benötigt werden.

Das in diesem Abschnitt vorgestellte Modell beschreibt das thermische Verhalten eines Halbbrückenmoduls bei symmetrisch verteilten Verlustleistungen und konstantem nominalem Kühlwasservolumenstrom $\dot{V}_{KW,nom}$. Tabelle 4.1 fasst die Eigenschaften zusammen.

Tabelle 4.1: Systemeigenschaften Halbbrückenmodell für symmetrische Verlustleistung und nominalen Volumenstrom $\dot{V}_{KW,nom}$.

Halbbrückenmodell, symmetrische Verluste, konstanter Volumenstrom			
Zustände	Eingänge	Ausgänge	Parameter
9	2	1	0

Die Anzahl an Zuständen, Eingängen und Ausgängen kann aus den Gleichungen 4.5, 4.6 bzw. 4.10 abgeleitet werden. Ohne die Erweiterung für variablen Volumenstrom ist die Anzahl der Parameter gleich 0.

4.1.2 Versuchsergebnisse

Das vorgestellte Halbbrückenmodell beschreibt das einfachste Modell des Baukastens. Nach Entwurf einer geeigneten Rückführmatrix eignet sich das Modell zur beobachterbasierten Temperaturüberwachung, wenn die Verlustleistungen symmetrisch bezüglich HighSide und LowSide verteilt sind und der Volumenstrom des Kühlwassers konstant auf seinem nominalen Wert $\dot{V}_{KW,nom}$ gehalten wird.

Erhält der Beobachter das Temperatursignal der dritten Phase als Eingangsgröße, kann die Auslasstemperatur des Pulswechselrichters geschätzt werden. Diese geschätzte Kühlwassertemperatur kann zur einfachen Verifikation des Modells genutzt werden, in dem sie mit der gemessenen tatsächlichen Kühlwasserauslasstemperatur verglichen wird. Abweichungen zwischen Messung und Schätzung lassen auf einen Fehler im Modell schließen.

Bei der durchgeführten Messung werden die getroffenen Annahmen des einfachen Modells erfüllt. Durch eine hinreichend hohe elektrische Frequenz f_{el}, die größer als die Grenzfrequenz f_g ist, ist von symmetrischer Verlustleistung auszugehen. Des Weiteren entspricht der Kühlwasservolumenfluss dem nominalen Wert $\dot{V}_{KW,nom}$. Abbildung 4.4 zeigt die Temperaturverläufe für diesen Belastungsfall.

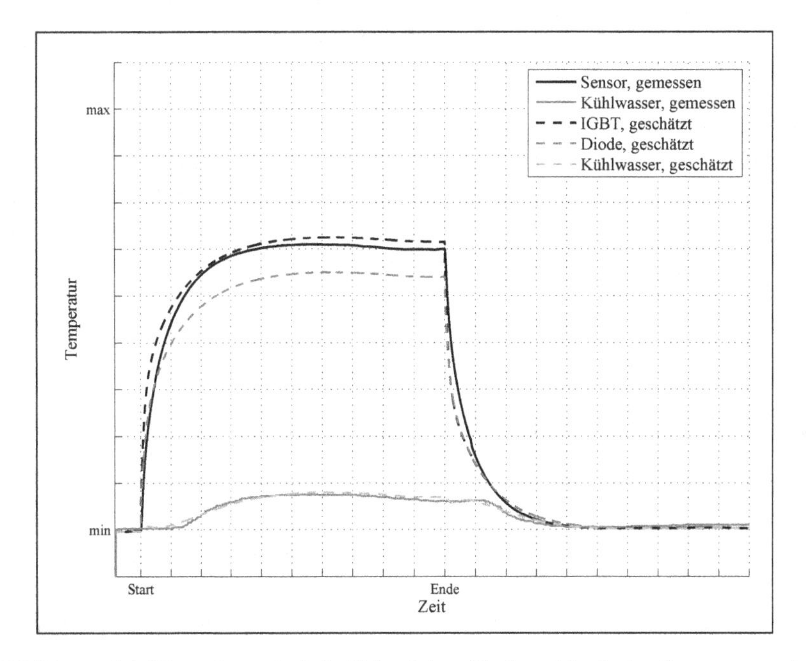

Abbildung 4.4: Versuchsergebnis bei hinreichend hoher elektrischer Frequenz und nominalem Kühlwasservolumenstrom $\dot{V}_{KW,nom}$.

Die Halbleitertemperaturen von IGBT und Diode stabilisieren sich kurz nach dem Beginn des Verlustleistungssprungs auf einen konstanten Wert, ebenso wie die Sensortemperatur. Es ist gut zu erkennen, dass der Beobachter durch die zurückgeführte Sensortemperatur die Erwärmung des Kühlwassers berücksichtigt, so dass die geschätzte Kühlwassertemperatur mit der gemessenen Kühlwassertemperatur übereinstimmt.

Sofern im Fahrzeugbetrieb nur symmetrisch verteilte Verlustleistungen auftreten und der Volumenstrom des Kühlwassers konstant auf dem nominalen Wert $\dot{V}_{KW,nom}$ gehalten wird, genügt das vorgestellte einfache Modell zur Rekonstruktion der Halbleiter- und Kühlwassertemperaturen.

Als Beispiel für einen solchen Fall kann ein Hybridfahrzeug betrachtet werden, bei dem die elektrische Maschine drehfest mit dem Verbrennungsmotor verbunden ist: Nach dem Startvorgang bestimmt die Leerlaufdrehzahl des Verbrennungsmotors die minimale Drehzahl der elektrischen Maschine. Ist dadurch die Annahme von symmetrisch verteilten Verlustleistungen gerechtfertigt, so kann das vorgestellte Modell zur Temperaturüberwachung verwendet werden.

Ein Gegenbeispiel wird durch ein reines Elektrofahrzeug beschrieben, bei dem die elektrische Maschine drehfest mit den Rädern verbunden ist. Bei dieser Art von Antrieb treten asymmetrisch verteilte Verlustleistungen bei Belastungen im Stillstand und bei geringen Drehzahlen auf, folglich bei jedem Anfahrvorgang. In diesem Fall sollte ein erweitertes Modell verwendet werden, wie es im folgenden Kapitel vorgestellt wird.

4.2 Halbbrückenmodell für asymmetrisch verteilte Verlustleistungen

Bei kleinen elektrischen Frequenzen (vgl. $f_{el} < 60Hz$ [10]) ergibt sich, bezogen auf die thermischen Zeitkonstanten der Halbleiter, eine asymmetrische Belastung, die zu entsprechenden Temperaturunterschieden zwischen HighSide- und LowSide-Halbleitern führt. Der Extremfall gehört zum Fahrmanöver „Halten am Berg“, wenn die elektrische Maschine ein Drehmoment bei $f_{el} = 0Hz$ abgibt. Der elektrische Antriebsstrang kann dabei als Berganfahrassistent genutzt werden. Abhängig von der Rotorlage im Stillstand werden in einem Leistungsmodul nur die LowSide-Diode und der HighSide-IGBT belastet, bzw. HighSide-Diode und LowSide-IGBT.

Ein weiterer asymmetrischer Belastungsfall kommt während des aktiven Kurzschlusses zustande. Dieser Zustand wird als „sicherer Zustand“ beispielsweise bei Problemen mit der Hochvoltversorgung oder auch im Abschleppbetrieb eingestellt [13]. Im Falle eines unteren aktiven Kurzschlusses werden alle LowSide-IGBTs geschlossen, während die HighSide-IGBTs geöffnet bleiben. Bei rotierender elektrischer Maschine wird ein Kurzschlussstrom induziert, der durch die LowSide-Halbleiter der Leistungsmodule fließt. Die Leitverluste führen dann zu einer asymmetrischen thermischen Belastung der Leistungsmodule.

Für die Sonderfälle „kleine Frequenzen“, „Halten am Berg“ und „aktiver Kurzschluss“ wird die Voraussetzung für symmetrische Verteilung von Verlustleistungen und Temperaturen verletzt. Eine Temperaturüberwachung mit Hilfe des in Kapitel 4.1 beschriebenen Temperaturmodells ist somit ungeeignet. Im Folgenden wird ein Modell vorgestellt, das die HighSide- und LowSide-Halbleiter durch zusätzliche Zustände abbildet. Abschließend sind in Kapitel 4.2.2 Versuchsergebnisse gezeigt, die belegen, dass das Modell auch in den o.g. Sonderfällen eine präzise Temperaturschätzung erlaubt.

4.2.1 Modellbeschreibung

Die Modellierung erfolgt analog zu der Vorgehensweise in Kapitel 4.1 mit dem Unterschied, dass das Modell um die Temperaturen des HighSide-Schalters erweitert wird.

Für das Modell werden, wie in Abbildung 4.5 gezeigt, die Halbleitertemperaturen von LowSide-IGBT, LowSide-Diode, HighSide-IGBT, HighSide-Diode und Sensor verwendet.

Die Wärmeleitung ins Kühlwasser wird wiederum durch die Projektion der Halbleitertemperaturen in die darunterliegende Kupfer- und Kühlerschicht abgebildet. Hinzukommen auch in diesem Modell die Temperaturen von Kühlerzentrum und Kühlwasser. Der zugehörige Querschnitt ist derselbe wie bei symmetrischer Verlustleistung (siehe Abbildung 4.2).

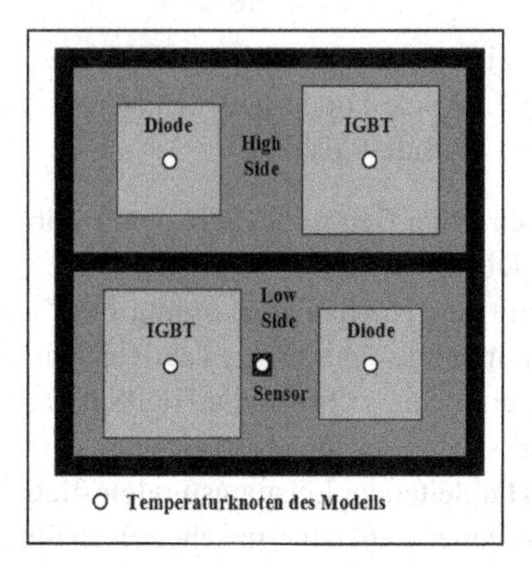

Abbildung 4.5: Darstellung der Temperaturknoten vergleichbar zu Abbildung 4.1.

Durch die Erweiterung um die HighSide-Halbleiter und die zugehörigen Stützpunkte umfasst das Halbbrückenmodell für asymmetrisch verteilte Verluste (Index: aV) nun 15 Zustände:

1: Sensor

2: IGBT LowSide

3: Diode LowSide

4: IGBT HighSide

5: Diode HighSide

6-9: Kupferschicht, Projektion der vier Halbleitertemperaturen

10-13: Kühler, Projektion der vier Halbleitertemperaturen

14: Kühlerzentrum

15: Kühlwasser.

Das thermische Netzwerk kann wiederum mit verschiedenen Kopplungsstrukturen bzw. Vernetzungsgraden gebildet werden, wie in Abbildung 4.6 dargestellt.

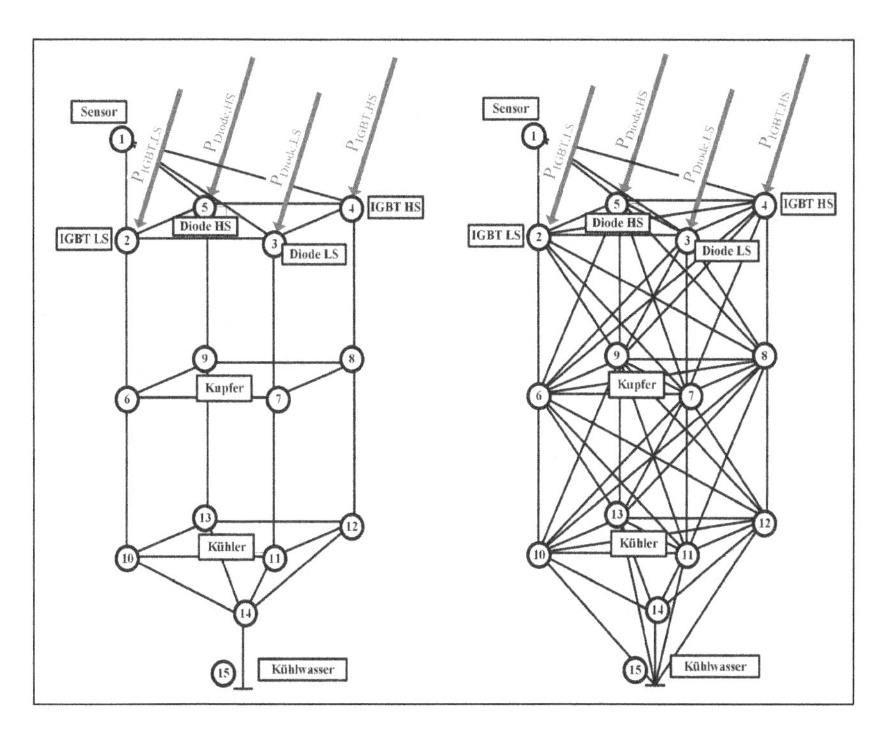

Abbildung 4.6: Kopplungsstrukturen für das thermische Ersatznetzwerk des Halbbrückenmodells mit asymmetrisch verteilten Verlustleistungen, vergleichbar zu Abbildung 4.3.

Die zugehörige Dynamikgleichung und die Ausgangsgleichung lauten nun mit dem Index aV für asymmetrische Verluste:

$$\dot{x}_{HB,aV} = A_{HB,aV} x_{HB,aV} + B_{HB,aV} u_{HB,aV} \quad \text{Gl. 4.11}$$

bzw.

$$y_{HB,aV} = C_{HB,aV} x_{HB,aV}, \quad \text{Gl. 4.12}$$

wobei der Zustandsvektor $x_{HB,aV}$ die Reihenfolge der Temperaturen gemäß:

$$x_{HB,aV} = \begin{bmatrix} T_{Sensor} \\ T_{IGBT,LS} \\ \vdots \\ T_{Kühlerzentrum} \\ T_{Kühlwasser} \end{bmatrix} = \begin{bmatrix} T_1 \\ T_2 \\ \vdots \\ T_{14} \\ T_{15} \end{bmatrix} \quad \text{Gl. 4.13}$$

wiedergibt. Des Weiteren ist mit $k_{HB,aV}$ der Vektor der Kapazitäten durch

$$k_{HB,aV} = \begin{bmatrix} K_1 \\ \vdots \\ K_{14} \end{bmatrix} \qquad \text{Gl. 4.14}$$

gegeben.

Darauf aufbauend wird der Eingang des Modells durch die asymmetrischen Verlustleistungen der jeweiligen Halbleiter bestimmt durch

$$u_{HB,aV} = \begin{bmatrix} P_{IGBT,LS} \\ P_{Diode,LS} \\ P_{IGBT,HS} \\ P_{Diode,HS} \end{bmatrix} \qquad \text{Gl. 4.15}$$

und mit Hilfe der Eingangsmatrix $B_{HB,aV}$, bzw. der Verlustmatrix $V_{HB,aV}$ auf die zugehörigen Temperaturknoten abgebildet:

$$B_{HB,aV} = \begin{bmatrix} K_{HB,aV}^{-D} & 0_{14,1} \\ 0_{1,14} & 1 \end{bmatrix} \underbrace{\begin{bmatrix} 0_{1,4} \\ I_4 \\ 0_{10,4} \end{bmatrix}}_{V_{HB,aV}}. \qquad \text{Gl. 4.16}$$

Analog zur Modellbildung in Kapitel 4.1 kann die Dynamikmatrix $A_{HB,aV}$ folgendermaßen gebildet werden:

$$A_{HB,aV} = \begin{bmatrix} K_{HB,aV}^{-D} & 0_{14,1} \\ 0_{1,14} & 1 \end{bmatrix} \begin{bmatrix} Y_{HB,aV} - G_{HB,aV}^{D} & g_{HB,aV} \\ 0_{1,14} & 0 \end{bmatrix}. \qquad \text{Gl. 4.17}$$

Dabei ist $Y_{HB,aV}$ die Knotenadmittanzmatrix und $g_{HB,aV}$ beschreibt den Wärmeaustausch mit dem Kühlwasser ebenso wie die zugehörige Diagonalmatrix $G_{HB,aV}^{D}$. Durch die Anzahl an Zuständen ist die Ausgangsmatrix $C_{HB,aV}$ durch

$$C_{HB,aV} = \begin{bmatrix} 1 & 0_{14,1} \end{bmatrix} \qquad \text{Gl. 4.18}$$

gegeben.

Tabelle 4.2 fasst die Systemeigenschaften des Modells für asymmetrisch verteilte Verlustleistungen und konstanten nominalen Kühlwasservolumenstrom $\dot{V}_{KW,nom}$ zusammen.

Tabelle 4.2: Systemeigenschaften Halbbrückenmodell für asymmetrische Verlustleistung und nominalen Volumenstrom $\dot{V}_{KW,nom}$

Halbbrückenmodell, asymmetrische Verluste, konstanter Volumenstrom			
Zustände	Eingänge	Ausgänge	Parameter
15	4	1	0

4.2.2 Versuchsergebnisse

Zur Verifikation des Halbbrückenmodells für asymmetrische Verlustleistungen werden folgende Experimente bei nominalem Kühlwasservolumenstrom $\dot{V}_{KW,nom}$ durchgeführt:

1. Belastung mit symmetrisch verteilten Verlustleistungen
2. Belastung bei $f_{el} = 1Hz$
3. Belastung bei $f_{el} = 0Hz$, stehende Maschine bzw. „Halten am Berg“
4. Belastung mit aktivem Kurzschluss

Beginnend mit Fall 1 unter der Belastung mit symmetrisch verteilten Verlustleistungen zeigt Abbildung 4.7 die Temperaturverläufe des Modells und des gemessenen Kühlwassers.

Es ist erkennbar, dass die Schätzung der Kühlwassertemperatur sehr gut zur gemessenen Kühlwassertemperatur passt. Des Weiteren verlaufen bezüglich HighSide und LowSide die Temperaturen von IGBT bzw. Diode nahezu identisch. Diese Tatsache zeigt, dass die in Kapitel 4.1 getroffene Annahme zur Beschreibung des Halbbrückenmodells bei symmetrischen Verlustleistungen gerechtfertigt ist.

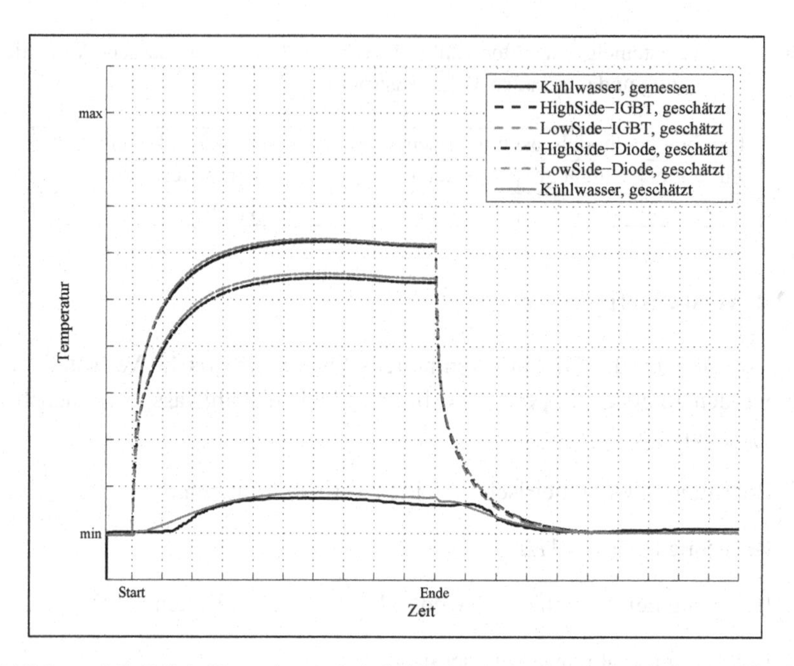

Abbildung 4.7: Fall 1: Versuchsergebnis bei Belastung mit symmetrisch verteilten Verlustleistungen und nominalem Kühlwasservolumenfluss $\dot{V}_{KW,nom}$.

Im folgenden Versuch 2 stellt sich dieser Sachverhalt anders dar. Die elektrische Frequenz wurde auf $1Hz$ reduziert, so dass die Halbleitertemperaturen mit dieser Frequenz oszillieren. Abbildung 4.8 zeigt die Verläufe der Halbleiter- und Kühlwassertemperaturen, wenn das vorgestellte Halbbrückenmodell für asymmetrisch verteilte Verlustleistungen verwendet wird.

In Abblidung 4.8 ist erkennbar, dass die Kühlwassertemperatur nach wie vor präzise geschätzt wird, obwohl die oszillierenden Halbleitertemperaturen eine hohe Amplitude aufweisen. Der vergrößerte Ausschnitt in Abbildung 4.9 zeigt, wie sich die Halbleiter in der aktiven Phase erwärmen, bzw. wie sie sich in der inaktiven Phase wieder abkühlen. Dabei sind entweder HighSide-IGBT und LowSide-Diode oder umgekehrt LowSide-IGBT und HighSide-Diode aktiv.

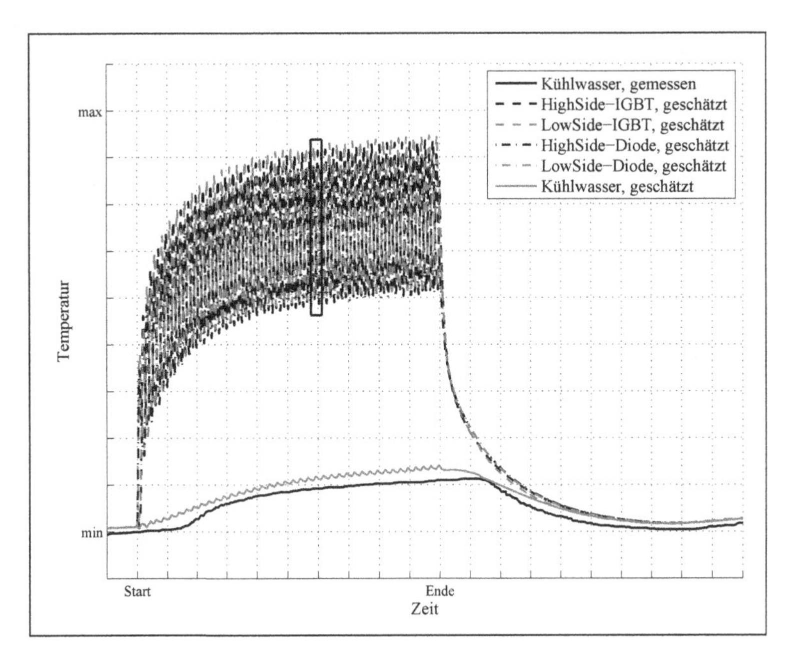

Abbildung 4.8: Fall 2: Versuchsergebnis bei Belastung mit $1Hz$ elektrische Frequenz bei nominalem Kühlwasservolumenfluss $\dot{V}_{KW,nom}$.

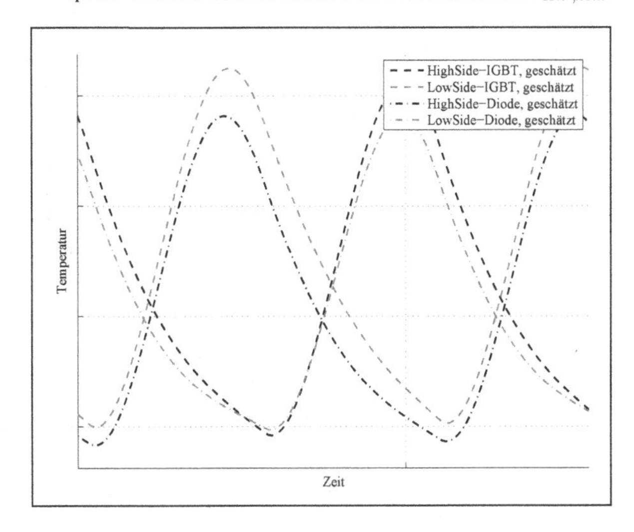

Abbildung 4.9: Fall 2: Vergrößerte Darstellung des markierten Ausschnitts in Abbildung 4.8.

Zum Vergleich sind in Abbildung 4.10 die Temperaturverläufe für dasselbe Experiment gezeigt, wenn trotz asymmetrisch verteilter Verlustleistungen das Halbbrückenmodell für symmetrisch verteilte Verlustleistungen verwendet werden würde.

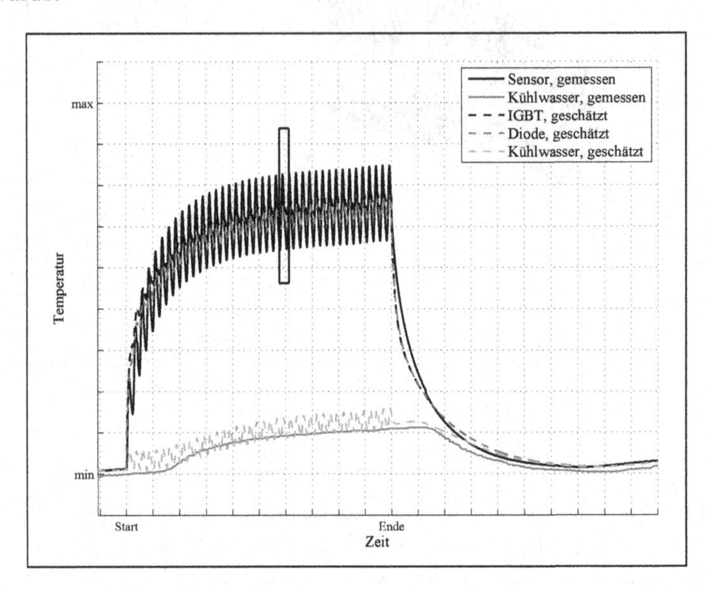

Abbildung 4.10: Fall 2: Versuchsergebnis für das Halbbrückenmodell für symmetrisch verteilte Verlustleistungen bei Belastung mit $1Hz$ elektrische Frequenz und bei nominalem Kühlwasservolumenfluss $\dot{V}_{KW,nom}$.

In Abbildung 4.10 ist erkennbar, dass die geschätzte Kühlwassertemperatur mit höherer Amplitude oszilliert, bzw. von der gemessenen Kühlwassertemperatur abweicht im Vergleich zu Abbildung 4.8. Diese Abweichung zwischen Messung und Schätzung könnte aber durch eine geeignete Tiefpassfilterung reduziert werden. Weitaus kritischer ist die Schätzung der Halbleitertemperaturen zu beurteilen. Durch die Annahme von symmetrisch verteilter Verlustleistung wird ein Mittelwert der Halbleitertemperaturen bezüglich HighSide und LowSide gebildet. In Abbildung 4.11 ist derselbe vergrößerte Ausschnitt wie in Abbildung 4.8 gezeigt. Durch den Vergleich der beiden Ausschnitte kann festgestellt werden, dass das Halbbrückenmodell für symmetrisch verteilte Verlustleistungen die maximalen Halbleitertemperaturen nicht korrekt erfasst bzw. im belasteten Fall deutlich unterschätzt. Dieser Schätzfehler kann zu einer Schädigung der Halbleiter führen, wenn ein kritisches Niveau erreicht

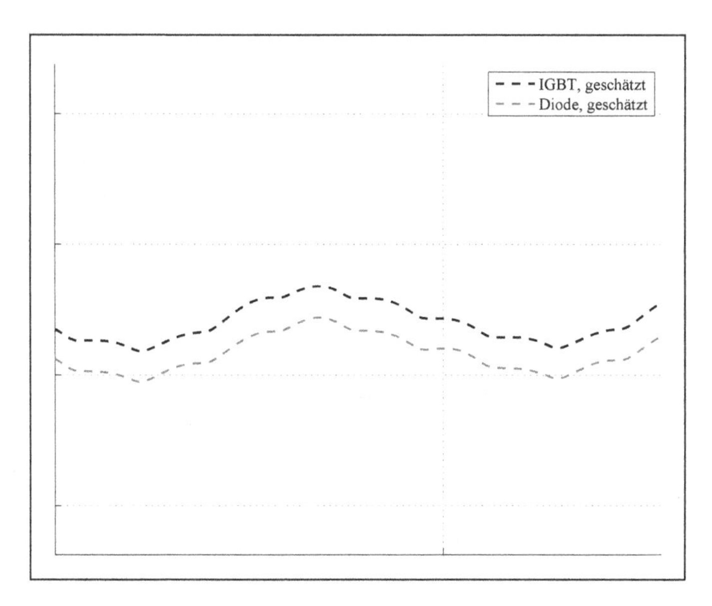

Abbildung 4.11: Fall 2: Vergrößerte Darstellung des markierten Ausschnitts in Abbildndung 4.10.

wird und keine Schutzmaßnahme wie beispielsweise eine Begrenzung der Leistung eingeleitet wird.

Der Extremfall, wenn die elektrische Maschine nicht rotiert, ist Fokus des nächsten Versuchs entsprechend Fall 3. Wie eingangs beschrieben, tritt diese Situation beim „Halten am Berg“, bzw. kurzzeitig beim elektrischen Anfahren auf. Abhängig von der Rotorlage im Stillstand werden die Halbleiter eines einzelnen Leistungsmoduls besonders stark belastet. Abbildung 4.12 zeigt die Temperaturverläufe für einen dieser Fälle.

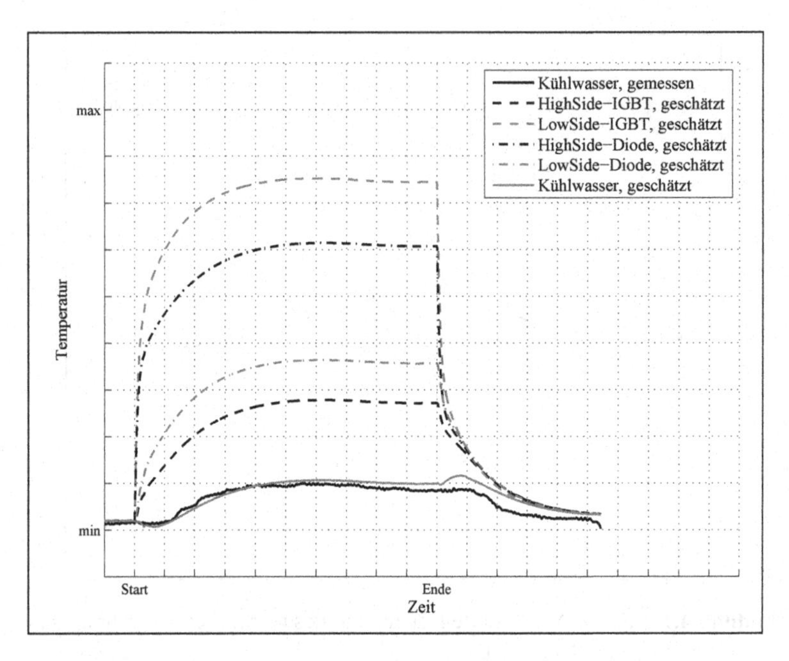

Abbildung 4.12: Fall 3: Versuchsergebnis bei Belastung mit $0Hz$.

Die belasteten Halbleiter sind in diesem Fall LowSide-IGBT und HighSide-Diode. Die Erwärmung von HighSide-IGBT und LowSide-Diode erfolgt passiv. Trotz dieser Extremsituation zeigt die Schätzung der Kühlwassertemperatur nur eine geringe Abweichung zur Messung. Das Halbbrückenmodell für asymmetrisch verteilte Verlustleistungen berücksichtigt die unterschiedliche Erwärmung der Halbleiter, wodurch geeignete Schutzreaktionen auch in diesen Situationen rechtzeitig eingeleitet werden können.

Neben den kleinen elektrischen Frequenzen und dem „Halten am Berg" beschreibt Fall 4, der Betrieb im aktiven Kurzschluss, einen weiteren Sonderfall, der asymmetrisch verteilte Verlustleistungen zur Folge hat. Bei einem unteren aktiven Kurzschluss werden alle LowSide-IGBTs des Wechselrichters in Abbildung 2.1 geschlossen, während die HighSide-IGBTs geöffnet bleiben. Dreht sich die elektrische Maschine, so wird ein Kurzschlussstrom induziert, der über den Pulswechselrichter wieder in die elektrische Maschine zurückgeführt wird. Für die LowSide-Halbleiter bedeutet diese Situation eine erhebliche Belastung. Die Temperaturverläufe hierzu sind in Abbildung 4.13 gezeigt.

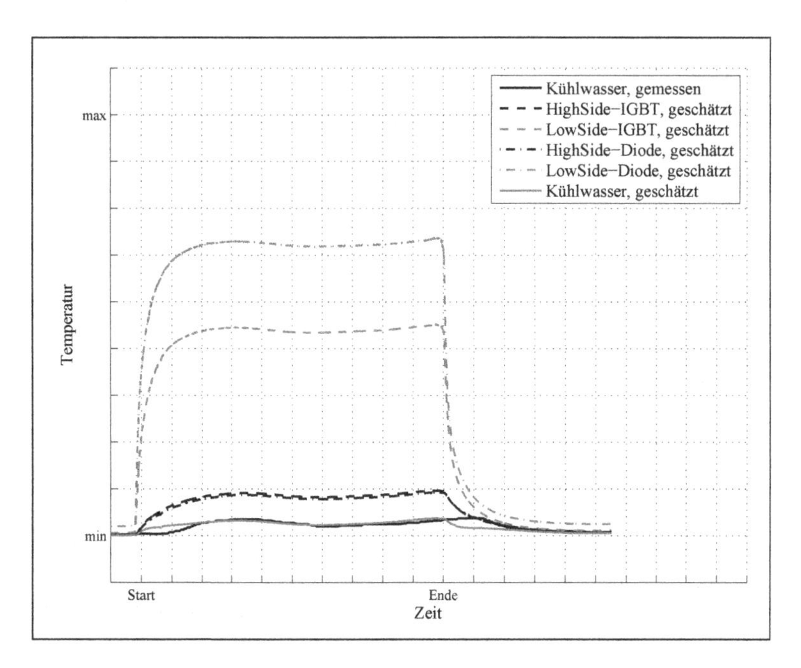

Abbildung 4.13: Fall 4: Versuchsergebnis bei Belastung durch aktiven Kurzschluss bei nominalem Kühlwasservolumenfluss $\dot{V}_{KW,nom}$.

Während die LowSide-Halbleiter eine signifikante Erwärmung erfahren, steigen die Temperaturen der HighSide-Halbleiter durch die passive Erwärmung nur knapp über die Kühlwassertemperatur. Trotz dieser anders gelagerten Asymmetrie der Temperaturverteilung innerhalb des Leistungsmoduls, wird die Kühlwassertemperatur durch das in diesem Abschnitt vorgestellte Modell präzise abgebildet.

Die folgenden Abbildung 4.14 und 4.15 visualisieren die Ergebnisse der vorigen zwei Experimente, wenn bei der Modellbildung fälschlicherweise von symmetrisch verteilten Verlustleistungen ausgegangen wird.

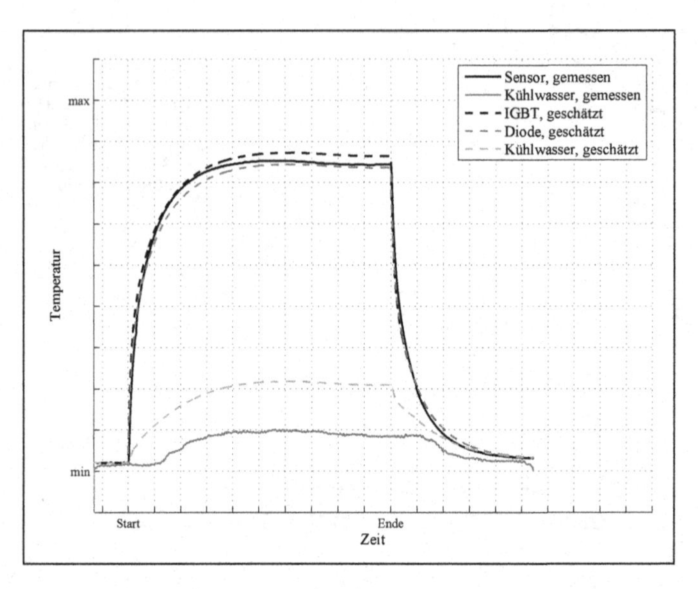

Abbildung 4.14: Fall 3: Versuchsergebnis für das Halbbrückenmodell für symmetrisch verteilte Verlustleistungen bei Belastung mit $0Hz$.

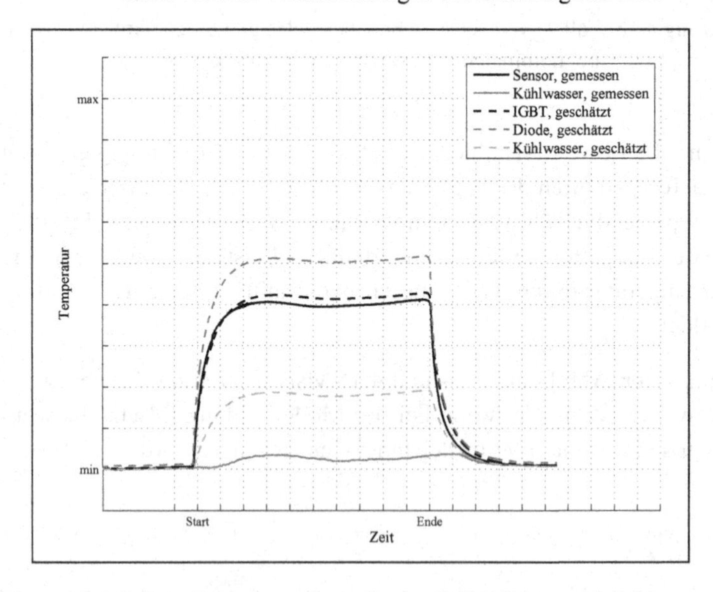

Abbildung 4.15: Fall 4: Versuchsergebnis für das Halbbrückenmodell für symmetrisch verteilte Verlustleistungen bei Belastung im aktiven Kurzschluss.

Beide Experimente zeigen während der Belastungsphase deutliche Abweichungen zwischen geschätzter und gemessener Kühlwassertemperatur, was sich auf den systematischen Fehler im Modell zurückführen lässt. Für den Fall, dass im Fahrzeugbetrieb asymmetrisch verteilte Verlustleistungen auftreten, ist es also zwingend notwendig das angepasste Modell zu verwenden.

Zusammengefasst kann festgestellt werden, dass das Halbbrückenmodell für asymmetrische Verlustleistungen geeignet ist, um neben dem regulären Fall bei symmetrischen Verlustleistungen auch die Sonderfälle „kleine Frequenzen“, „Halten am Berg“ und „aktiver Kurzschluss“ abdecken zu können und eine hinreichend genaue Schätzung von Halbleiter- und Kühlwassertemperatur zu gewährleisten. Einschränkend gilt immer noch die Voraussetzung, dass der Kühlwasservolumenstrom konstant auf seinem nominalen Wert $\dot{V}_{KW,nom}$ gehalten wird. Ähnlich wie das Modell bei symmetrischen Verlustleistungen wird die Genauigkeit des Modells beeinträchtigt, wenn der Kühlwasservolumenstrom variiert wird.

5 Temperaturmodell Kühlwasser - Ein- und Auslassschätzung

Neben den Halbleitertemperaturen des Pulswechselrichters sind Ein- und Auslasstemperatur des Kühlwassers weitere relevante Größen im Systemkontext. Sie können verwendet werden, um andere Komponenten im selben Kühlkreislauf vor Überhitzung zu schützen und dienen im Fahrzeugsteuergerät als Eingangsgrößen zur Regelung von Lüftern, Wärmetauschern und Kühlwasserpumpen. Zur Bestimmung der Kühlwassertemperaturen könnten grundsätzlich weitere Sensoren entlang des Kühlkanals platziert werden, was allerdings mit zusätzlichen Kosten und Aufwand verbunden wäre.

Ziel dieses Kapitels ist es, auf Basis der vorgestellten Halbbrückenmodelle eine Möglichkeit zu beschreiben, die eine Schätzung von Ein- und Auslasstemperatur des Kühlwassers erlaubt, ohne die Notwendigkeit, zusätzliche Sensoren zu installieren.

Zunächst wird in Kapitel 5.1 die thermische Modellierung des Kühlwassers betrachtet. Da dieses neu eingeführte Kühlwassermodell die Betrachtung des Kühlwassers als Störgröße ersetzt, werden im darauffolgenden Kapitel 5.2 reduzierte Formen der Halbbrückenmodelle aus Kapitel 4 eingeführt, die anschließend in den Kapiteln 5.3 und 5.4 für die erweiterten Kühlwassermodelle verwendet werden.

5.1 Kühlwassermodellierung

Der Kühler des Pulswechselrichters mit den Phasen 1, 2 und 3 ist so aufgebaut, dass die einzelnen Halbbrücken seriell vom Kühlwasser durchströmt werden. Phase 1 befindet sich am Kühlwassereinlass, Phase 3 am Kühlwasserauslass. Unter thermischer Belastung ist in der Regel die Phase 3 aufgrund der Kühlwassererwärmung in Strömungsrichtung die Phase mit der höchsten Temperatur.

Für die Erweiterung des Modells wird, wie in Abbildung 5.1 dargestellt, für jede Phase ein Temperaturknoten eingeführt, der eine mittlere Kühlwassertemperatur unterhalb des jeweiligen Moduls beschreibt. Bei fließendem Kühlwasser erfährt ein einzelner Zustand dabei die in Abbildung 5.2 dargestellten Wärmeeinträge.

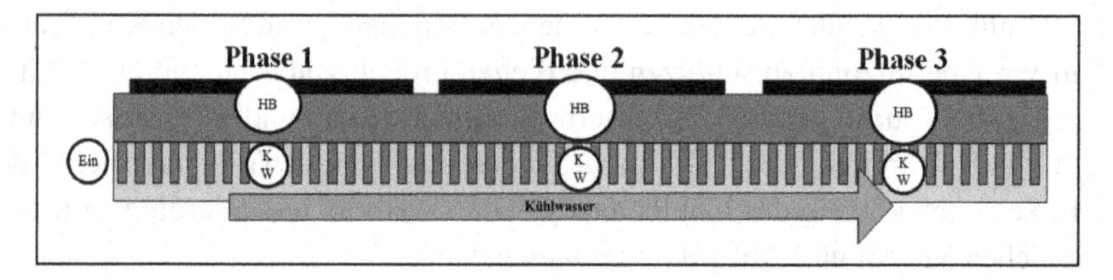

Abbildung 5.1: Aufbau des Kühlwassermodells zur Schätzung der Ein- und Auslasstemperatur.

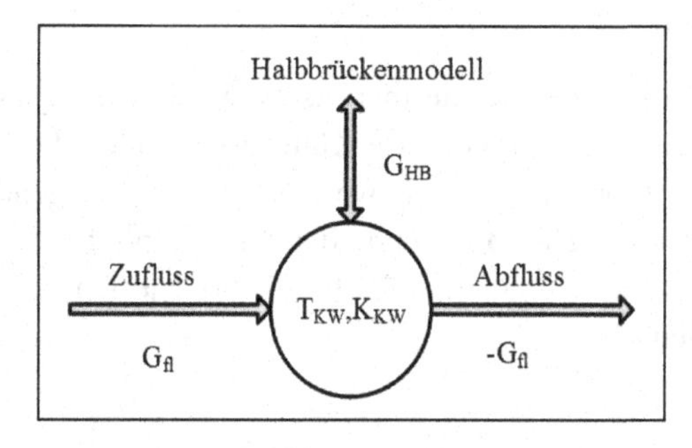

Abbildung 5.2: Einzelner Kühlwasserzustand mit der Temperatur T_{KW} und der thermischen Ersatzkapazität K_{KW}.

Das thermische Verhalten der Leistungsmodule kann durch die bereits vorgestellten Halbbrückenmodelle beschrieben werden, entweder mit symmetrisch oder asymmetrisch verteilten Verlustleistungen. Generell erfolgt der Wärmeaustausch G_{HB} mit dem Halbbrückenmodul *bidirektional* in Abhängigkeit der Temperatur der Halbbrücke T_{HB}. Wird das Leistungsmodul thermisch belastet, fließt die Wärmeenergie vom heißeren Leistungsmodul ins Kühlwasser (Normalfall). Bei inaktivem Leistungsmodul und gleichzeitiger Erwärmung des Kühlwassers wird umgekehrt das Leistungsmodul vom Kühlwasser erwärmt.

Der Wärmefluss von einem Kühlwasserzustand zum nächsten erfolgt *gerichtet* entsprechend der Flussrichtung des Kühlwassers und ist durch den Leitwert

G_{fl} modelliert, wobei der Einfluss von bidirektionaler Wärmeleitung zwischen zwei Kühlwasserzuständen vernachlässigt wird. Eine Abschätzung ergibt bei der verwendeten Kühlerarchitektur, dass der Einfluss der bidirektionalen Wärmeleitung $< 2\%$ der gerichteten Wärmeleitung beträgt, so dass der Leitwert G_{fl} näherungsweise proportional zum Volumenfluss des Kühlmediums durch den Wechselrichter ist.

Die Dynamik eines einzelnen Kühlwasserknotens kann mit Hilfe der Energiebilanz hergeleitet werden zu:

$$K_{KW}\dot{T}_{KW} = G_{fl}T_{Zufluss} - G_{fl}T_{KW} + G_{HB}\left(T_{HB} - T_{KW}\right). \qquad \text{Gl. 5.1}$$

Dabei ist K_{KW} die thermische Kapazität und T_{KW} die Temperatur eines Kühlwasserknotens. Die Temperatur $T_{Zufluss}$ entspricht der Kühlwassertemperatur des vorangehenden Kühlwasserknotens.

Für den ersten Kühlwasserknoten entspricht $T_{Zufluss}$ der Einlasstemperatur des Kühlwassers $T_{KW,Ein}$, die im erweiterten Kühlwassermodell als Störgröße berücksichtigt wird. Da dieses vereinfachte Knotenmodell die bisherige Störgröße des Halbbrückenmodells ersetzt, werden im nächsten Abschnitt reduzierte Versionen der Halbbrückenmodelle eingeführt, die sich zur Kopplung mit dem Kühlwasserknotenmodell eignen.

5.2 Halbbrückenmodelle ohne Störgröße

In den Halbbrückenmodellen aus Kapitel 4 wird die Temperatur des Kühlwassers unterhalb des Leistungsmoduls als Störgröße betrachtet. Für die Kopplung des Kühlwassermodells mit den Halbbrückenmodellen werden die Halbbrückenmodelle um den Kühlwasserzustand reduziert. Die reduzierten Zustandsvektoren, einerseits für symmetrische Verluste $x_{HB,sV,red}$, andererseits für asymmetrische Verluste $x_{HB,aV,red}$, sind definiert durch:

$$x_{HB,sV,red} = \underbrace{\begin{bmatrix} T_{Sensor} \\ T_{IGBT,sV} \\ \vdots \\ T_{Kühlerzentrum} \end{bmatrix}}_{8\times 1} \quad \text{Gl. 5.2} \quad x_{HB,aV,red} = \underbrace{\begin{bmatrix} T_{Sensor} \\ T_{IGBT,LS} \\ \vdots \\ T_{Kühlerzentrum} \end{bmatrix}}_{14\times 1}. \quad \text{Gl. 5.3}$$

Ebenfalls reduziert werden die Verlustmatrizen gemäß:

$$V_{HB,sV,red} = \begin{bmatrix} 0_{1,2} \\ I_2 \\ 0_{5,2} \end{bmatrix} \quad \text{Gl. 5.4} \qquad V_{HB,aV,red} = \begin{bmatrix} 0_{1,4} \\ I_4 \\ 0_{9,4} \end{bmatrix} \quad \text{Gl. 5.5}$$

und die Ausgangsmatrizen

$$C_{HB,sV,red} = \begin{bmatrix} 1 & 0_{7,1} \end{bmatrix} \quad \text{Gl. 5.6} \qquad C_{HB,aV,red} = \begin{bmatrix} 1 & 0_{13,1} \end{bmatrix}. \quad \text{Gl. 5.7}$$

Die reduzierten Vektoren und Matrizen werden in den nächsten Abschnitten verwendet, um die Halbbrückenmodelle mit dem Kühlwasserknotenmodell zu kombinieren. Das erweiterte Vollbrückenmodell ermöglicht die Schätzung von Einlass- und Auslasstemperatur des Kühlwassers.

5.3 Ein- und Auslassschätzung für symmetrisch verteilte Verlustleistungen

Dieser Abschnitt befasst sich mit dem thermischen Modell der dreiphasigen Vollbrücke unter den Randbedingungen, dass nur symmetrische Verluste auftreten und nur konstanter nominaler Kühlwasservolumenstrom zur Kühlung verwendet wird. Zusammen mit den Sensorsignalen kann ein Beobachter entworfen werden, der sich zur Schätzung von Einlass- und Auslasstemperatur des Kühlwassers eignet. Das Vollbrückenmodell (Index VB) wird gebildet, indem das in Kapitel 4.1 beschriebene Halbbrückenmodell vervielfältigt und mit dem Kühlwasserknotenmodell gekoppelt wird. An dieser Stelle macht sich die eingeführte Modellstruktur sehr vorteilhaft bemerkbar. Das erweiterte Modell lässt sich aus bereits definierten und ggf. parametrierten Größen zusammensetzen. Die thermischen Kopplungen und die Nummerierung der Zustände hierfür sind in Abbildung 5.3 dargestellt.

Jedes der drei reduzierten Halbbrückenmodelle umfasst 8 Zustände. Zusammen beschreiben die drei Leistungsmodule die ersten 24 Knoten des thermischen Netzwerks. Daran schließen sich drei Kühlwasserknoten (25 – 27) unterhalb der Leistungsmodule an und der letzte Knoten (28) ist definiert durch die als Störgröße modellierte Einlasstemperatur. Somit kann der Zustandsvektor $x_{VB,sV}$ folgendermaßen zusammengefasst werden:

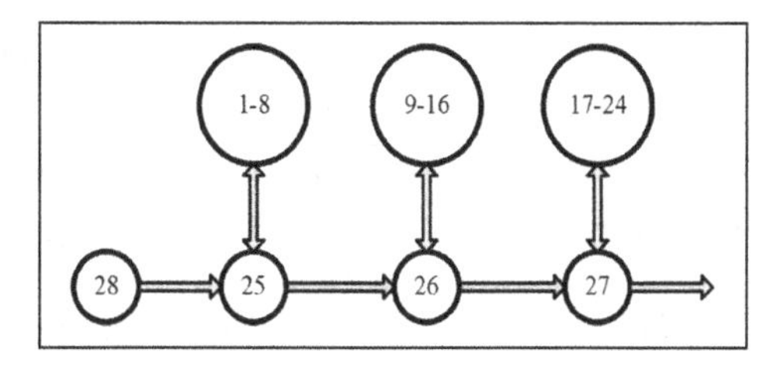

Abbildung 5.3: Thermisches Ersatznetzwerk für das erweiterte Kühlwassermodell bei symmetrischer Verlustleistung.

$$x_{VB,sV} = \underbrace{\begin{bmatrix} x_{HB1,sV,red} \\ x_{HB2,sV,red} \\ x_{HB3,sV,red} \\ T_{KW,1} \\ T_{KW,2} \\ T_{KW,3} \\ T_{KW,Ein} \end{bmatrix}}_{28\times 1} \quad \text{Gl. 5.8} \qquad k_{VB,sV} = \underbrace{\begin{bmatrix} k_{HB1,sV} \\ k_{HB2,sV} \\ k_{HB3,sV} \\ K_{KW,1} \\ K_{KW,2} \\ K_{KW,3} \end{bmatrix}}_{27\times 1}. \quad \text{Gl. 5.9}$$

Aus dieser Anordnung des Zustandsvektors lässt sich die Dynamikmatrix des Vollbrückenmodells $A_{VB,sV}$ ableiten zu:

$$A_{VB,sV} = \begin{bmatrix} K_{VB,sV}^{-D} & 0_{27,1} \\ 0_{1,27} & 1 \end{bmatrix}.$$

$$\begin{bmatrix} Y_{HB,sV}^{G} & 0_{8,8} & 0_{8,8} & g_{HB,sV} & 0_{8,1} & 0_{8,1} & 0_{8,1} \\ 0_{8,8} & Y_{HB,sV}^{G} & 0_{8,8} & 0_{8,1} & g_{HB,sV} & 0_{8,1} & 0_{8,1} \\ 0_{8,8} & 0_{8,8} & Y_{HB,sV}^{G} & 0_{8,1} & 0_{8,1} & g_{HB,sV} & 0_{8,1} \\ g_{HB,sV}^{T} & 0_{1,8} & 0_{1,8} & -G_{sV}^{S} & 0 & 0 & G_{fl} \\ 0_{1,8} & g_{HB,sV}^{T} & 0_{1,8} & G_{fl} & -G_{sV}^{S} & 0 & 0 \\ 0_{1,8} & 0_{1,8} & g_{HB,sV}^{T} & 0 & G_{fl} & -G_{sV}^{S} & 0 \\ 0_{1,8} & 0_{1,8} & 0_{1,8} & 0 & 0 & 0 & 0 \end{bmatrix} \quad \text{Gl. 5.10}$$

mit

$$Y_{HB,sV}^{G} = Y_{HB,sV} - G_{HB,sV}^{D} \quad \text{Gl. 5.11}$$

$$G_{sV}^{S} = G_{fl} + \sum_{i=1}^{8} g_{HB,sV}(i). \quad \text{Gl. 5.12}$$

Dabei beschreibt der Vektor $g_{HB,sV}$ die Wärmeleitung des Kühlwasserknotens zum Leistungsmodul und $g_{HB,sV}^{T}$ umgekehrt vom Leistungsmodul ins Kühlwasser. Die Matrix $Y^G_{HB,sV}$ entspricht der Knotenadmittanzmatrix des Halbbrückenmodells, die bereits den Einfluss des Kühlwassers durch $G^D_{HB,sV}$ berücksichtigt. Die Diagonalelemente der Kühlwasserknoten G^S_{sV} werden aus der Summe der restlichen Zeilenelemente gebildet, so dass die Zeilensumme insgesamt gleich 0 ist. Die Einlasstemperatur $T_{KW,Ein}$ bildet, vergleichbar zu Kapitel 4, die Störgröße des erweiterten Modells, wodurch die Einträge der Dynamikmatrix $A_{VB,sV}$ in der letzten Zeile gleich 0 zu setzen sind.

Die Eingangsgrößen sind definiert durch Verlustleistungen der Leistungsmodule. Da die Verluste im symmetrischen Belastungsfall auch für alle Leistungsmodule dieselben sind, kann $u_{HB,sV}$ gemäß Gleichung 4.6 unverändert übernommen werden und auf jedes Halbbrückenmodul abgebildet werden. Hierzu wird die Eingangsmatrix $B_{VB,sV}$ aus der dreifachen Kombination von $V_{HB,sV,red}$ gebildet:

$$B_{VB,sV} = \begin{bmatrix} K^{-D}_{VB,sV} & 0_{27,1} \\ 0_{1,27} & 1 \end{bmatrix} \underbrace{\begin{bmatrix} V_{HB,sV,red} \\ V_{HB,sV,red} \\ V_{HB,sV,red} \\ 0_{4,2} \end{bmatrix}}_{28\times 2} . \qquad \text{Gl. 5.13}$$

Durch die Gleichungen 4.6, 5.8, 5.10 und 5.13 sind somit alle Größen der Dynamikgleichung

$$\dot{x}_{VB,sV} = A_{VB,sV} x_{VB,sV} + B_{VB,sV} u_{HB,sV} \qquad \text{Gl. 5.14}$$

gegeben.

Der Ausgang des Vollbrückenmodells ist durch die Sensortemperaturen der drei Leistungsmodule beschrieben. Dementsprechend kann die Ausgangsmatrix $C_{VB,sV}$ gemäß

$$C_{VB,sV} = \underbrace{\begin{bmatrix} C_{HB,sV,red} & 0_{1,8} & 0_{1,8} & 0_{1,3} \\ 0_{1,8} & C_{HB,sV,red} & 0_{1,8} & 0_{1,3} \\ 0_{1,8} & 0_{1,8} & C_{HB,sV,red} & 0_{1,3} \end{bmatrix}}_{3\times 28} \qquad \text{Gl. 5.15}$$

zusammengesetzt werden, die die jeweiligen Sensortemperaturen aus dem Zustandsvektor $x_{VB,sV}$ auf den Ausgangsvektor $y_{VB,sV}$ abbildet. Die Ausgangsgleichung ist folglich definiert durch:

$$y_{VB,sV} = C_{VB,sV} x_{VB,sV} . \qquad \text{Gl. 5.16}$$

Ausgehend von diesem Modell mit 2 Eingängen (Verlustleistungen für IGBT und Diode) und 3 Ausgängen (1 Temperatursensor je Leistungsmodul) kann wiederum ein Beobachter entwickelt werden, der basierend auf den gemessenen Sensortemperaturen die Halbleitertemperaturen und die Ein- und Auslasstemperatur des Kühlwassers schätzt.

Für die vier zusätzlichen Parameter G_{fl} und $K_{KW,1}, K_{KW,2}, K_{KW,3}$ für das erweiterte Kühlwassermodell können aus CFD (Computational Fluid Dynamics)-Simulationen oder Messungen analytische Korrelationen abgeleitet werden. Vorteilhaft bei dieser Vorgehensweise ist, dass eine getrennte Parameteridentifikation von Halbbrückenmodell und Kühlwassermodell möglich ist. Voraussetzung ist jedoch nach wie vor ein konstanter nominaler Kühlwasservolumenstrom $\dot{V}_{KW,nom}$. Die zugehörigen Systemeigenschaften zu diesem Modell sind in Tabelle 5.1 zusammengefasst.

Tabelle 5.1: Systemeigenschaften Kühlwassermodell für symmetrische Verluste und nominalen Kühlwasservolumenstrom.

Kühlwassermodell, symmetrische Verluste, nominaler Volumenstrom			
Zustände	Eingänge	Ausgänge	Parameter
28	2	3	0

5.4 Ein- und Auslassschätzung für asymmetrisch verteilte Verlustleistungen

Fokus dieses Abschnitts ist die Kombination des Kühlwassermodells aus Kapitel 5.1 mit dem Halbbrückenmodell bei asymmetrischer Verlustleistung aus Kapitel 4.2. Die Vorgehensweise ähnelt derjenigen bei symmetrischen Verlustleistungen aus Kapitel 5.3.

Die Kühlwasserknoten werden in diesem Fall mit dem Halbbrückenmodell für asymmetrische Verlustleistungen gekoppelt, wie in Abbildung 5.4 dargestellt, so dass sich der Zustandsvektor folgendermaßen zusammensetzt:

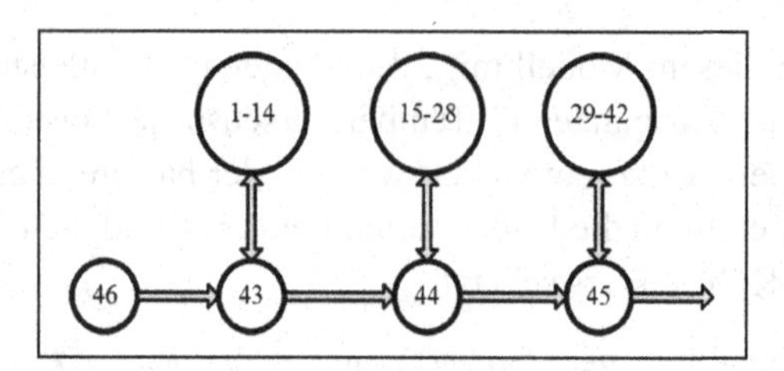

Abbildung 5.4: Thermisches Ersatznetzwerk für das erweiterte Kühlwassermodell bei asymmetrischer Verlustleistung.

$$x_{VB,aV} = \underbrace{\begin{bmatrix} x_{HB1,aV,red} \\ x_{HB2,aV,red} \\ x_{HB3,aV,red} \\ T_{KW,1} \\ T_{KW,2} \\ T_{KW,3} \\ T_{KW,Ein} \end{bmatrix}}_{46\times 1} \quad \text{Gl. 5.17} \qquad k_{VB,aV} = \underbrace{\begin{bmatrix} k_{HB1,aV} \\ k_{HB2,aV} \\ k_{HB3,aV} \\ K_{KW,1} \\ K_{KW,2} \\ K_{KW,3} \end{bmatrix}}_{45\times 1}. \quad \text{Gl. 5.18}$$

Analog dazu lässt sich die Dynamikmatrix beschreiben durch

$$A_{VB,aV} = \begin{bmatrix} K_{VB,aV}^{-D} & 0_{45,1} \\ 0_{1,45} & 1 \end{bmatrix}.$$

$$\begin{bmatrix} Y_{HB,aV}^{G} & 0_{14,14} & 0_{14,14} & g_{HB,aV} & 0_{14,1} & 0_{14,1} & 0_{14,1} \\ 0_{14,14} & Y_{HB,aV}^{G} & 0_{14,14} & 0_{14,1} & g_{HB,aV} & 0_{14,1} & 0_{14,1} \\ 0_{14,14} & 0_{14,14} & Y_{HB,aV}^{G} & 0_{14,1} & 0_{14,1} & g_{HB,aV} & 0_{14,1} \\ g_{HB,aV}^{T} & 0_{1,14} & 0_{1,14} & -G_{aV}^{S} & 0 & 0 & G_{fl} \\ 0_{1,14} & g_{HB,aV}^{T} & 0_{1,14} & G_{fl} & -G_{aV}^{S} & 0 & 0 \\ 0_{1,14} & 0_{1,14} & g_{HB,aV}^{T} & 0 & G_{fl} & -G_{aV}^{S} & 0 \\ 0_{1,14} & 0_{1,14} & 0_{1,14} & 0 & 0 & 0 & 0 \end{bmatrix} \quad \text{Gl. 5.19}$$

mit denselben Definitionen wie in Kapitel 5.3 für

$$Y_{HB,aV}^{G} = Y_{HB,aV} - G_{HB,aV}^{D} \quad \text{Gl. 5.20}$$

$$G_{aV}^{S} = G_{fl} + \sum_{i=1}^{14} g_{HB,aV}(i). \quad \text{Gl. 5.21}$$

Lediglich die Dimensionen der einzelnen Matrizen und Vektoren sind anzupassen.

Der größte Unterschied im Vergleich zum Modell bei symmetrischen Verlustleistungen betrifft die Eingangsgrößen des Systems. In Kapitel 4.2 wurde bereits darauf hingewiesen, dass bei der Betrachtung der Verlustleistung im asymmetrischen Fall zwischen High-Side und Low-Side unterschieden werden muss. Bei der Erweiterung auf das Vollbrückenmodell muss darüber hinaus jedes Leistungsmodul einzeln betrachtet werden, so dass der Eingang des Modells durch insgesamt 12 verschiedene Verlustleistungen gebildet wird. Der Eingangsvektor $u_{HB,aV}$ wird für jede Halbbrücke 1, 2 und 3 definiert und zu

$$u_{VB,aV} = \begin{bmatrix} u_{HB1,aV} \\ u_{HB2,aV} \\ u_{HB3,aV} \end{bmatrix} \qquad \text{Gl. 5.22}$$

zusammengefasst. Folglich müssen die Verlustleistungen durch die Eingangsmatrix $B_{VB,aV}$ gesondert auf die einzelnen Halbbrückenmodelle abgebildet werden:

$$B_{VB,aV} = \begin{bmatrix} K_{VB,aV}^{-D} & 0_{45,1} \\ 0_{1,45} & 1 \end{bmatrix} \begin{bmatrix} V_{HB,aV,red} & 0_{14,4} & 0_{14,4} \\ 0_{14,4} & V_{HB,aV,red} & 0_{14,4} \\ 0_{14,4} & 0_{14,4} & V_{HB,aV,red} \\ 0_{4,4} & 0_{4,4} & 0_{4,4} \end{bmatrix}. \qquad \text{Gl. 5.23}$$

Damit kann die Dynamikgleichung des Vollbrückenmodells bei asymmetrischen Verlustleistungen gebildet werden zu:

$$\dot{x}_{VB,aV} = A_{VB,aV} x_{VB,aV} + B_{VB,aV} u_{VB,aV}. \qquad \text{Gl. 5.24}$$

Die Beschreibung des Ausgangs erfolgt wiederum analog zum erweiterten Kühlwassermodell bei symmetrisch verteilten Verlustleistungen. Die Ausgangsmatrix

$$C_{VB,aV} = \underbrace{\begin{bmatrix} C_{HB,aV,red} & 0_{1,14} & 0_{1,14} & 0_{1,4} \\ 0_{1,14} & C_{HB,aV,red} & 0_{1,14} & 0_{1,4} \\ 0_{1,14} & 0_{1,14} & C_{HB,aV,red} & 0_{1,4} \end{bmatrix}}_{3\times 46} \qquad \text{Gl. 5.25}$$

bildet die Sensortemperaturen der Leistungsmodule gemäß

$$y_{VB,aV} = C_{VB,aV} x_{VB,aV} \qquad \text{Gl. 5.26}$$

auf den Ausgangsvektor $y_{VB,aV}$ ab.

Die Eigenschaften des Kühlwassermodells bei asymmetrisch verteilten Verlustleistungen und nominalem Kühlwasservolumenstrom $\dot{V}_{KW,nom}$ sind in Tabelle 5.2 dargestellt.

Tabelle 5.2: Systemeigenschaften Kühlwassermodell für asymmetrische Verlustleistung und nominalen Kühlwasservolumenstrom.

Kühlwassermodell, asymmetrische Verluste, nominaler Volumenstrom			
Zustände	Eingänge	Ausgänge	Parameter
46	12	3	0

5.5 Versuchsergebnisse

In diesem Abschnitt wird ein Experiment vorgestellt, in dem das erweiterte Kühlwassermodell zur Einlass- und Auslassschätzung zum Einsatz kam. Bei nominalem Kühlwasservolumenstrom $\dot{V}_{KW,nom}$ werden symmetrisch verteilte Verlustleistungen als Belastung verwendet, um die Schätzung der Kühlwassertemperatur am Ein- bzw. Auslass des Pulswechselrichters zu verifizieren. Die Ergebnisse sind in Abbildung 5.5 dargestellt.

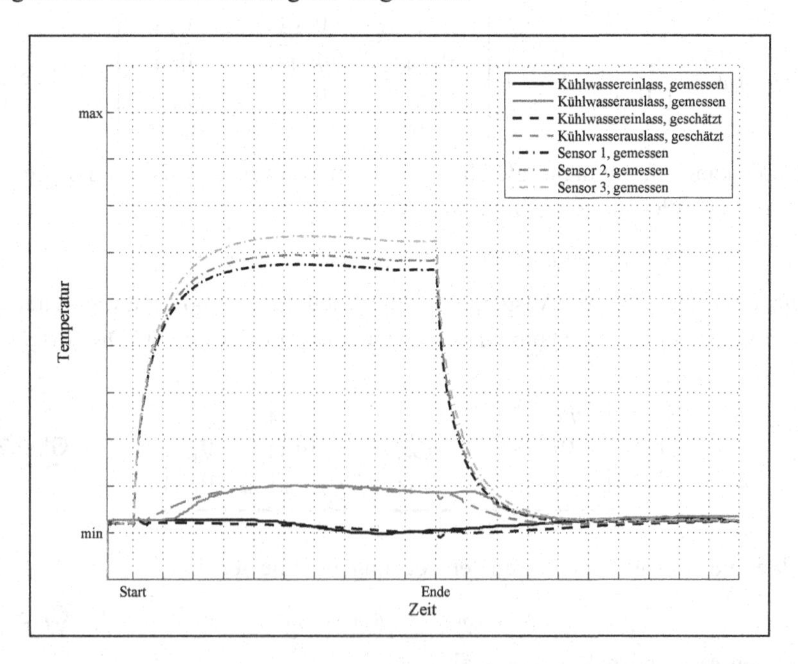

Abbildung 5.5: Versuchsergebnis Temperaturmodell Kühlwasserein- und auslassschätzung bei symmetrischer Verlustleistung und nominalem Kühlwasservolumenstrom.

Während der Belastungsphase werden sowohl Ein- als auch Auslasstemperatur des Kühlwassers korrekt ermittelt. Zwischen Schätzung und Messung ist lediglich ein zeitlicher Verzug bei der Auslasstemperatur nach Ein- und Ausschalten der Belastung erkennbar, der sich aufgrund der Totzeit zwischen Kühlwasserauslass und Messturbine erklären lässt. Die geschätzten Kühlwassertemperaturen können folglich in einem übergeordneten Thermomanagement des Fahrzeugs verwendet werden, um beispielsweise die Temperaturen oder den Volumenfluss zu regeln.

Die unterschiedlichen Verteilungen der Verlustleistung beeinflussen maßgeblich die Temperaturschätzung der Halbleiter ähnlich wie in Kapitel 4.2.2. Allerdings sei angemerkt, dass durch die Erweiterung des Modells auf alle drei Phasen gewisse Ausgleichseffekte auftreten. Selbst bei asymmetrischen Verlustleistungen, die durch kleine elektrische Frequenzen oder „Halten am Berg" verursacht werden, ist eine Schätzung der Kühlwassertemperaturen durch das Modell für symmetrische Verlustleistung möglich. Jedoch ist es nicht möglich, die unterschiedlichen Halbleitertemperaturen korrekt zu erfassen, weshalb eine separate Berücksichtigung der asymmetrischen Verlustleistungen auch bei dem erweiterten Kühlwassermodell notwendig ist, wenn diese bei der gewählten Antriebsstrangtopologie auftreten kann.

Da das erweiterte Kühlwassermodell keine Änderung des Kühlwasservolumenflusses berücksichtigt, ist beispielsweise bei reduziertem Kühlwasservolumenstrom mit Schätzfehlern zu rechnen. Kapitel 6.3 beschreibt eine Möglichkeit, um auch das erweiterte Kühlwassermodell an einen variablen Kühlwasservolumenstrom anzupassen.

6 Temperaturmodelle für variablen Kühlwasservolumenstrom

In Elektro- und Hybridfahrzeugen kann es sinnvoll sein, den Volumenstrom des Kühlwassers bedarfsabhängig zu regeln, um die Energieaufnahme der Kühlwasserpumpe zu minimieren [11]. Der reduzierte Energiebedarf kann sich direkt auf die Reichweite des Fahrzeugs auswirken [4]. Allgemein beeinflusst die Strömungsgeschwindigkeit des Kühlmediums das thermische Verhalten der gekühlten Halbleiter [34, 35]. Durch eine geeignete Regelung der Strömungsgeschwindigkeit können die Temperaturverläufe auch aktiv beeinflusst werden [20, 80].

Für die beobachterbasierte Temperaturüberwachung ist bei der Variation des Kühlwasservolumenstroms eine entsprechende Modellerweiterung notwendig. Neben der Unterscheidung in symmetrisch bzw. asymmetrisch verteilte Verlustleistungen und der Modellerweiterung zur Schätzung von Ein- und Auslasstemperatur des Kühlwassers, adressiert die dritte Kategorie des Modellbaukastens zur thermischen Überwachung von Wechselrichtern also den Umgang mit variablem Kühlwasservolumenstrom. Sowohl die Halbbrückenmodelle aus Kapitel 4 als auch die in Kapitel 5 beschriebenen Kühlwassermodelle können durch die in diesem Kapitel einzuführende Methode befähigt werden, mit der zusätzlichen Komplexität des variablen Volumenstroms umzugehen.

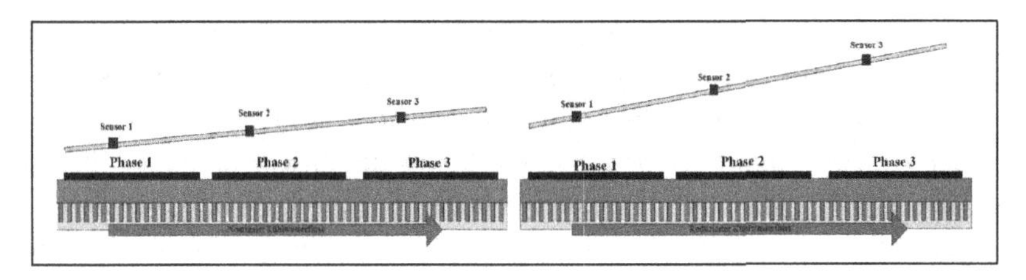

Abbildung 6.1: Einfluss von variablem Kühlwasservolumenfluss auf das Temperaturverhalten bei thermischer Belastung des Wechselrichters.

Wird der Kühlwasservolumenstrom gegenüber dem nominalen Wert $\dot{V}_{KW,nom}$ reduziert, so ergeben sich unter Belastung die in Abbildung 6.1 schematisch dargestellten Temperaturverteilungen. Bei der verwendeten Kühlerarchitektur mit serieller Kühlung der Leistungsmodule sind zwei Effekte relevant. Zum einen ändert sich der Wärmeübergangskoeffizient α, der den Wärmeübergang vom Kühler ins Kühlwasser beschreibt [8]. Beispielhaft erkennt man diesen Effekt an der Temperatur des ersten Sensors in Abbildung 6.1. Bei reduziertem Kühlwasserfluss wird eine höhere Temperatur gemessen als bei nominalem Kühlwasserfluss. Zum anderen ist im belasteten Zustand eine Änderung des Temperaturanstiegs zwischen Ein- und Auslass des Kühlwassers zu beobachten. Bei konstanter Verlustleistung muss das Kühlwasser aufgrund seiner längeren Verweildauer innerhalb des Wechselrichters entsprechend mehr Energie aufnehmen.

Um eine beobachter- bzw. modellbasierte Temperaturüberwachung bei variablem Kühlwasservolumenstrom einsetzen zu können, muss somit eine geeignete Methode zur Abbildung der genannten Effekte entwickelt werden. Dabei werden die Halbbrückenmodelle maßgeblich durch den ersten Effekt beeinflusst. Um eine präzise Schätzung der Kühlwassertemperatur zu ermöglichen, müssen die Halbbrückenmodelle nur an den geänderten Wärmeübergang angepasst werden. Die Änderung des Temperaturanstiegs im Kühlwasser wird durch die gemessene Temperatur am Sensor erkannt und kann über den Beobachter berücksichtigt werden, so dass der zweite Effekt kompensiert wird. Die Genauigkeit der erweiterten Kühlwassermodelle hingegen ist von beiden Effekten betroffen. Folglich müssen beide Effekte innerhalb des Modells abgebildet werden.

In dieser Arbeit wurde für die Anpassung der Modelle ein linear parametervarianter Ansatz entwickelt, der auf die strukturierte Beschreibung der bisherigen Modelle aufbaut. Grundlagen zu linear parametervarianten Systemen werden zunächst im Abschnitt 6.1 beschrieben. Fokus der anschließenden Abschnitte 6.2 und 6.3 sind linear parametervariante Halbbrücken- bzw. Kühlwassermodelle, die sich auch dann zur beobachterbasierten Temperaturüberwachung eignen, wenn der Kühlwasservolumenstrom variabel ist.

6.1 Linear parametervariante Systeme

Aufbauend auf den bisherigen Modellen wird in den folgenden Abschnitten ein linear parametervarianter Ansatz entwickelt, um die Halbbrücken- und Kühlwassermodelle an den variablen Kühlwasservolumenstrom anzupassen. Dieser Abschnitt gibt eine kurze Einführung in die Theorie und die Stabilitätsanalyse von linear parametervarianten Systemen. Eine ausführliche Übersicht zu diesem Thema findet sich in [59], wobei neben einer allgemeinen Einführung verschiedene Anwendungsbeispiele vorgestellt und erläutert werden. Die Idee, nichtlineare Systeme als linear parametervariante Systeme abzubilden, ist dabei auf [71] zurückzuführen.

Im Allgemeinen kann man die Dynamikgleichung eines linear parametervarianten Modells schreiben als

$$\dot{x} = A(p)x, \quad \text{Gl. 6.1}$$

wobei $p = (p_1, p_2, ..., p_k) \in \mathbb{R}^k$ der Vektor der variablen oder zeitvarianten Parameter $p_1, p_2, ..., p_k$ ist [59].

In den folgenden Abschnitten wird für die Beschreibung der Dynamikmatrix eine parameteraffine Darstellung gemäß

$$A(p) = A_0 + p_1 A_{P1} + ... + p_k A_{Pk}. \quad \text{Gl. 6.2}$$

verwendet [32, 59]. Diese Form ist besonders für die Implementierung und den echtzeitfähigen Einsatz der Modelle auf einem Steuergerät geeignet.

Die Änderung der Systemklasse von linear zu linear parametervariant hat zur Folge, dass der Nachweis der Stabilität ebenfalls noch einmal neu betrachtet werden muss. Im linearen Fall gilt ein System dann als stabil, wenn alle Eigenwerte der Dynamikmatrix in der linken offenen Halbebene liegen [55]. Bei linear parametervarianten System ist dieses Kriterium, wenn es für die Wertebereiche der Parameter $p_1, p_2, ..., p_k$ erfüllt ist, zwar notwendig, aber noch nicht hinreichend [59]. Dennoch lässt sich aus der Stabilität bei konstanten Parametern die Stabilität für langsame Parametervariationen ableiten: „*Stability for constant parameter trajectories implies stability for slowly timevarying parameter trajectories.*“ [59].

Innerhalb der thermischen Modelle der folgenden Abschnitte entsteht die Parameterabhängigkeit durch die Variation des Kühlwasservolumenflusses. Bedingt durch die Trägheit von Kühlwasserpumpe und Kühlwasserkreislauf kann eine sprunghafte Änderung des Kühlwasserflusses und damit der Parameter nicht auftreten. Durch eine geeignete Abschätzung der maximalen Änderungsrate des Kühlwasserflusses kann somit auf die Stabilität des Gesamtsystems geschlossen werden.

Allgemein wird die Stabilität eines linear parametervarianten Systems auch anhand der Kriterien von Lyapunov gezeigt, die auch bei nichtlinearen Systemen

Anwendung finden [48]. Erfüllt ein linear parametervariantes Modell die Kriterien von Lyapunov, so ist die Stabilität auch für beliebige und sprunghafte Parameteränderungen gezeigt [32]. Im Rahmen dieser Arbeit wurde die Stabilität der linear parametervarianten Beobachter aus Kapitel 6.2.2 und 6.3.2 durch die betreute Abschlussarbeit [51] untersucht und nachgewiesen.

6.2 Halbbrückenmodelle

Der nun folgende Abschnitt erklärt, wie die vorgestellten Halbbrückenmodelle mit Hilfe eines linear parametervarianten Ansatzes an einen variablen Kühlwasservolumenstrom angepasst werden können. Besonders hilfreich hierbei ist wiederum die in Kapitel 3 eingeführte Modellstruktur, wobei in Kapitel 6.2.1 die erarbeitete Methodik anhand des Halbbrückenmodells für symmetrisch verteilte Verlustleistungen erläutert wird. Das anschließende Kapitel 6.2.2 adressiert den Beobachterentwurf für die linear parametervarianten Halbbrückenmodelle. Abgeschlossen wird dieser Abschnitt durch die Versuchsergebnisse der Halbbrückenmodelle bei variablem Volumenstrom.

6.2.1 Modellbeschreibung für symmetrisch verteilte Verlustleistung

Im Folgenden wird das Halbbrückenmodell für symmetrische Verluste an den variablen Kühlwasservolumenstrom angepasst. Die Eingangsmatrix $B_{HB,sV}$, der Eingangsvektor $u_{HB,sV}$ und die Ausgangsmatrix $C_{HB,sV}$ des Modells bleiben von der Anpassung an den variablen Volumenstrom unabhängig, so dass die Ausgangsgleichung als

$$y_{HB,sV,vV} = C_{HB,sV} x_{HB,sV,vV} \qquad \text{Gl. 6.3}$$

geschrieben werden kann, wobei $y_{HB,sV,vV}$ den Ausgang des Halbbrückenmodells bei symmetrisch verteilten Verlustleistungen und variablem Volumenstrom (Index vV) beschreibt.

Wie eingangs beschrieben, ändert sich durch die Variation des Kühlwasservolumenstroms der Wärmeübergangskoeffizient vom Kühler ins Kühlwasser. Innerhalb des Halbbrückenmodells ist dieser Übergang durch die Leitwerte des Vektors $g_{HB,sV}$ und der zugehörigen Diagonalmatrix $G^D_{HB,sV}$ beschrieben. Abhängig vom Volumenstrom des Kühlwassers verringert bzw. vergrößert sich der Wärmeübertrag ins Fluid. Zur Anpassung des Modells wird ein Parameter p_1 eingeführt, der zur Skalierung von $g_{HB,sV}$ und $G^D_{HB,sV}$ dient:

$$p_1 \begin{cases} = 1 & \text{für } \dot{V}_{KW,ist} = \dot{V}_{KW,nom} \\ > 1 & \text{für } \dot{V}_{KW,ist} > \dot{V}_{KW,nom} \\ < 1 & \text{für } \dot{V}_{KW,ist} < \dot{V}_{KW,nom}. \end{cases} \qquad \text{Gl. 6.4}$$

Dabei ist $\dot{V}_{KW,ist}$ der momentane Kühlwasservolumenstrom und $\dot{V}_{KW,nom}$ der nominale Kühlwasservolumenstrom, der für die bisherigen Modelle angenommen wurde. Für die Bestimmung von p_1 in Abhängigkeit des momentanen Kühlwasservolumenstroms können CFD-Simulationen, Messungen oder Zusammenhängen auf Basis von Nusselt- und Reynoldskorrelationen [9] verwendet werden. Die anderen, bereits identifizierten Parameter der Halbbrückenmodelle bleiben dabei unverändert. Für die Skalierung des Wärmeübergangs werden der Vektor $g_{HB,sV}$ und die Diagonalmatrix $G^D_{HB,sV}$ mit dem Parameter p_1 multipliziert. Daraus resultiert eine parameterabhängige Struktur der Dynamikmatrix des Halbbrückenmodells bei symmetrischen Verlusten und variablem Volumenstrom:

$$A_{HB,sV,vV}(p_1) = \begin{bmatrix} K^{-D}_{HB,sV} & 0_{8,1} \\ 0_{1,8} & 1 \end{bmatrix} \begin{bmatrix} Y_{HB,sV} - p_1 G^D_{HB,sV} & p_1 g_{HB,sV} \\ 0_{1,8} & 0 \end{bmatrix}. \qquad \text{Gl. 6.5}$$

Innerhalb des Beobachters ersetzt $A_{HB,sV,vV}(p_1)$ die bisherige Dynamikmatrix $A_{HB,sV}$. Wie eingangs beschrieben wird $A_{HB,sV,vV}(p_1)$ in eine parameteraffine Darstellung gemäß Gleichung 6.2 überführt, d.h. in einen parameterabhängigen Teil und einen parameterunabhängigen Teil zerlegt. Die von p_1 beeinflussten Größen können in

$$A_{HB,sV,P1} = \begin{bmatrix} K^{-D}_{HB,sV} & 0_{8,1} \\ 0_{1,8} & 1 \end{bmatrix} \begin{bmatrix} -G^D_{HB,sV} & g_{HB,sV} \\ 0_{1,8} & 0 \end{bmatrix} \qquad \text{Gl. 6.6}$$

zusammengefasst werden, so dass die Dynamikgleichung folgende Struktur erhält:

$$\begin{aligned} \dot{x}_{HB,sV,vV} =& (A_{HB,sV} + (p_1 - 1)A_{HB,sV,P1})x_{HB,sV,vV} + \\ & B_{HB,sV} u_{HB,sV}. \end{aligned} \qquad \text{Gl. 6.7}$$

Der parameterunabhängige Teil ist bei dieser Zerlegung durch die ursprüngliche Dynamikmatrix $A_{HB,sV}$ des Halbbrückenmodells gegeben und wird bezüglich des veränderlichen Volumenstroms um den Term $(p_1 - 1)A_{HB,sV,P1}$ ergänzt.

Der entwickelte Ansatz bildet somit den variablen Volumenstrom im Modell ab und ermöglicht einen Einsatz innerhalb des Steuergeräts zur Überwachung der Halbleitertemperaturen. Dabei vereinfacht die parameteraffine Darstellung der Dynamikmatrix die Implementierung und bietet den weiteren Vorteil, dass die Berechnung des parameterabhängigen Anteils bedarfsgerecht erfolgen kann. Gemeint ist, dass der Term $(p_1 - 1)A_{HB,sV,P1}$ nur dann berechnet wird, wenn der momentane Kühlwasservolumenstrom $\dot{V}_{KW,ist}$ tatsächlich von seinem Nominalwert $\dot{V}_{KW,nom}$ abweicht, was wiederum den Rechenaufwand reduziert. Für Fahrzeuge, die ausschließlich durch nominalen Kühlwasservolumenstrom gekühlt werden, kann dieser Berechnungsaufwand komplett vermieden werden.

Tabelle 6.1 fasst die Eigenschaften des Halbbrückenmodells bei symmetrischen Verlustleistungen und variablem Kühlwasservolumenstrom zusammen und beschreibt das erste Modell des Baukastens, das eine parameterabhängige Struktur besitzt.

Tabelle 6.1: Systemeigenschaften Halbbrückenmodell für symmetrische Verluste und variablen Volumenstrom.

Halbbrückenmodell, symmetrische Verluste, variabler Volumenstrom			
Zustände	Eingänge	Ausgänge	Parameter
9	2	1	1

Die Vorgehensweise zur Berücksichtigung des variablen Kühlwasservolumenstroms kann direkt auf das Halbbrückenmodell bei asymmetrischer Verlustleistung übertragen werden. Zusammengefasst hat das Halbbrückenmodell bei asymmetrischen Verlusten und variablem Kühlwasservolumenstrom die Eigenschaften gemäß Tabelle 6.2. Die ausführliche Herleitung kann im Anhang A.1 nachgelesen werden.

Tabelle 6.2: Systemeigenschaften Halbbrückenmodell für asymmetrische Verlustleistung und variablen Volumenstrom.

Halbbrückenmodell, asymmetrische Verluste, variabler Volumenstrom			
Zustände	Eingänge	Ausgänge	Parameter
15	4	1	1

6.2.2 Linear parametervarianter Beobachter

Durch die Berücksichtigung des variablen Volumenstroms innerhalb der Halbbrückenmodelle und die damit verbundene Parameterabhängigkeit, muss der Beobachterentwurf vergleichbar zu der Untersuchung der Stabilität gesondert betrachtet werden.

Da die Vorgehensweise unabhängig von der zugrundeliegenden Verteilung der Verlustleistung ist, wird exemplarisch das Halbbrückenmodell mit symmetrischen Verlustleistungen zur Veranschaulichung verwendet.

Die Grundvoraussetzung zum Entwurf eines Beobachters ist nach wie vor die Beobachtbarkeit des Systems [55]. Wird die Beobachtbarkeitsmatrix für lineare Systeme auf die linear parametervarianten Modelle übertragen, so erhält man die parameterabhängige Beobachtbarkeitsmatrix:

$$O_{HB,sV,vV}(p_1) = \begin{bmatrix} C_{HB,sV} \\ C_{HB,sV}\left(A_{HB,sV} + (p_1 - 1)A_{HB,sV,P1}\right) \\ \vdots \\ C_{HB,sV}\left(A_{HB,sV} + (p_1 - 1)A_{HB,sV,P1}\right)^8 \end{bmatrix}, \qquad \text{Gl. 6.8}$$

die einen vollen Rang (hier 9) haben muss, damit das Modell bei konstanten Parametern als beobachtbar klassifiziert werden kann. Dabei ist der Rang für den gesamten Wertebereich von p_1 zu prüfen.

Für die linear parametervarianten Halbbrückenmodelle aus den Kapiteln 6.2.1 bzw. A.1 ergibt die Analyse der Beobachtbarkeitsmatrix vollen Rang, solange der Parameter $p_1 \neq 0$ ist [51]. Diese Einschränkung kann auch direkt aus Gleichung 6.5 abgeleitet werden. Aus $p_1 = 0$ folgt für die Dynamikmatrix, dass die letzte Spalte mit 0 gefüllt ist, wodurch der letzte Zustand unabhängig von allen anderen und somit nicht beobachtbar werden würde.

Physikalisch interpretiert bedeutet $p_1 = 0$, dass kein Wärmeaustausch zwischen Kühler und Kühlwasser stattfindet. Dieser Fall tritt im realen System nicht auf, so dass die Beobachtbarkeit der Halbbrückenmodelle bei variablem Volumenstrom immer gegeben ist. Daraus folgt wiederum, dass zum Entwurf des Beobachters eine Rückführmatrix $L_{HB,sV}$ so bestimmt werden kann, dass die resultierende Beobachterdynamik

$$\begin{aligned}\dot{\hat{x}}_{HB,sV,vV} =& A_{HB,sV}\hat{x}_{HB,sV,vV} \\ &+ (p_1 - 1)A_{HB,sV,P1}\hat{x}_{HB,sV,vV} \\ &+ B_{HB,sV}u_{HB,sV} \\ &+ L_{HB,sV}\left(y_{HB,sV,vV} - C_{HB,sV}\hat{x}_{HB,sV,vV}\right)\end{aligned} \quad \text{Gl. 6.9}$$

stabil ist. Dabei ist nachzuweisen, dass die Stabilität für den gesamten Wertebereich von p_1 erhalten bleibt [51].

Ein zugehöriges Blockschaltbild des linear parametervarianten Beobachters wird in Abbildung 6.2 gezeigt, in dem man sehen kann, dass der Parameter p_1 als (Eingangs-)Signal zugeführt werden muss. Gemäß Gleichung 6.4 ist p_1 abhängig vom momentanen Kühlwasservolumenstrom. Im Fahrzeug kann diese Information beispielsweise aus dem Kennfeld der Kühlwasserpumpe abgeleitet werden. Bei Tests am Prüfstand sind die Signale entweder direkt aus dem Kühlaggregat zu beziehen oder können mit Hilfe von Messturbinen erfasst werden.

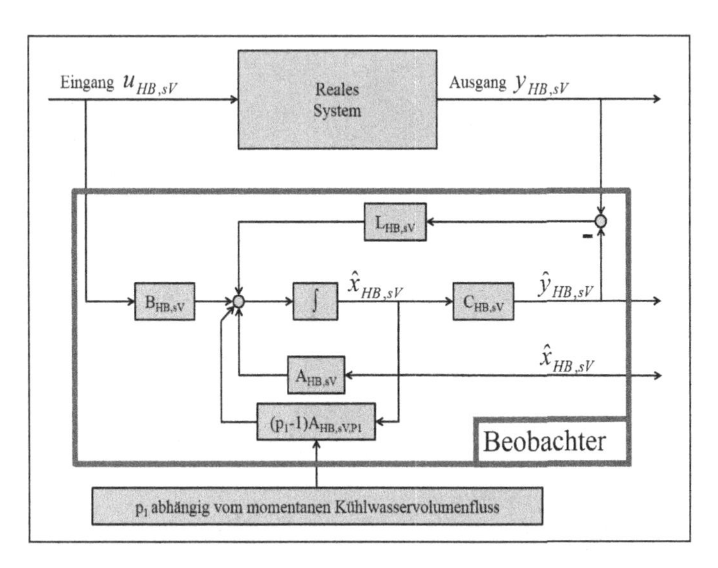

Abbildung 6.2: Blockschaltbild des Beobachters für Halbbrückenmodelle mit variablem Volumenstrom.

6.2.3 Versuchsergebnisse

Im Wesentlichen wird in diesem Abschnitt die Notwendigkeit des linear parametervarianten Halbbrückenmodells hervorgehoben für den Fall, dass der Volumenstrom variiert wird. Der Fokus für die Experimente liegt auf Situationen, für die die Randbedingungen für symmetrische Verlustleistungen gelten.

Als Referenz zeigt Abbildung 6.3 den Versuch bei nominalem Kühlwasservolumenstrom unter Verwendung des linear parametervarianten Beobachters.

Wie schon in Kapitel 4.1.2 gezeigt, wird die Kühlwassertemperatur unterhalb des Leistungsmoduls bei nominalem Kühlwasservolumenstrom korrekt abgebildet.

Für den Fall von nominalem Kühlwasservolumenstrom gilt $p_1 = 1$, so dass sich Gleichung 6.7 wieder zu Gleichung 4.3 reduziert, d.h. die Temperaturschätzung basiert auf derselben Rechenvorschrift wie in Kapitel 4.1.2.

Wird der Kühlwasservolumenstrom reduziert ohne eine entsprechende Anpassung des Modells vorzunehmen, sind während Belastungsphasen Abweichungen zwischen geschätzter und tatsächlicher Kühlwassertemperatur zu erwar-

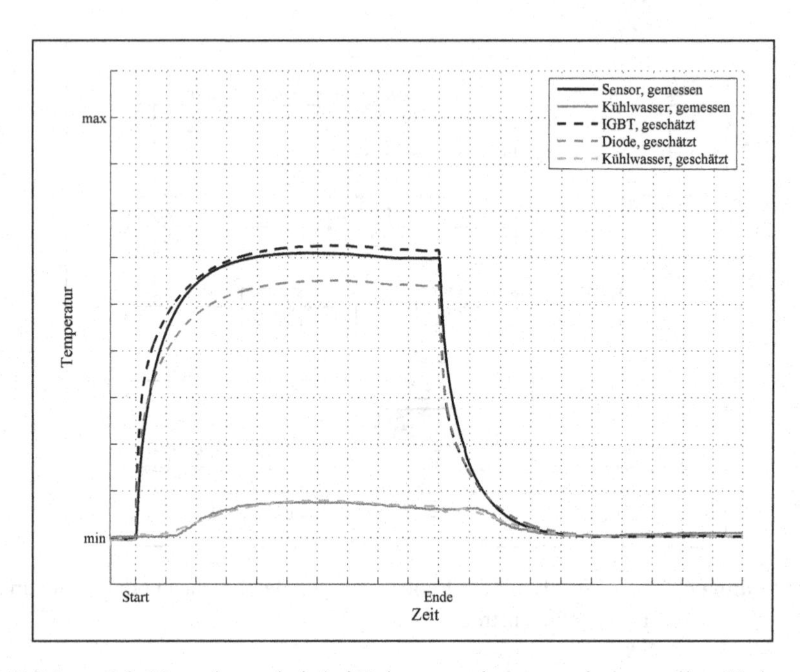

Abbildung 6.3: Versuchsergebnis bei Belastung mit symmetrisch verteilten Verlustleistungen und nominalem Kühlwasservolumenfluss.

ten. Abbildung 6.4 zeigt Ergebnisse, wenn der Kühlwasservolumenstrom auf die Hälfte seines nominalen Wertes reduziert wird und dieselbe Belastung wie im ersten Experiment zugeführt wird. Bei der Durchführung des Experiments wurde sowohl das Modell mit als auch ohne Anpassung an variablen Volumenstrom eingesetzt, um das Verbesserungspotenzial durch die linear parametervariante Modellierung hervorzuheben.

In Abbildung 6.4 ist zu erkennen, dass das Halbbrückenmodell ohne Anpassung an den reduzierten Kühlwasservolumenstrom die Temperatur des Kühlwassers während der Belastungsphase deutlich überschätzt. Im Gegensatz dazu zeigen die Ergebnisse in Abbildung 6.5, dass das angepasste Modell auch bei reduziertem Kühlwasservolumenstrom eine korrekte Schätzung der Kühlwassertemperatur ermöglicht. Der linear parametervariante Beobachter berücksichtigt den reduzierten Volumenfluss bzw. den reduzierten Wärmeübergang zwischen Kühler und Kühlwasser korrekt, so dass eine präzise Schätzung der Kühlwassertemperatur auch im belasteten Zustand möglich ist.

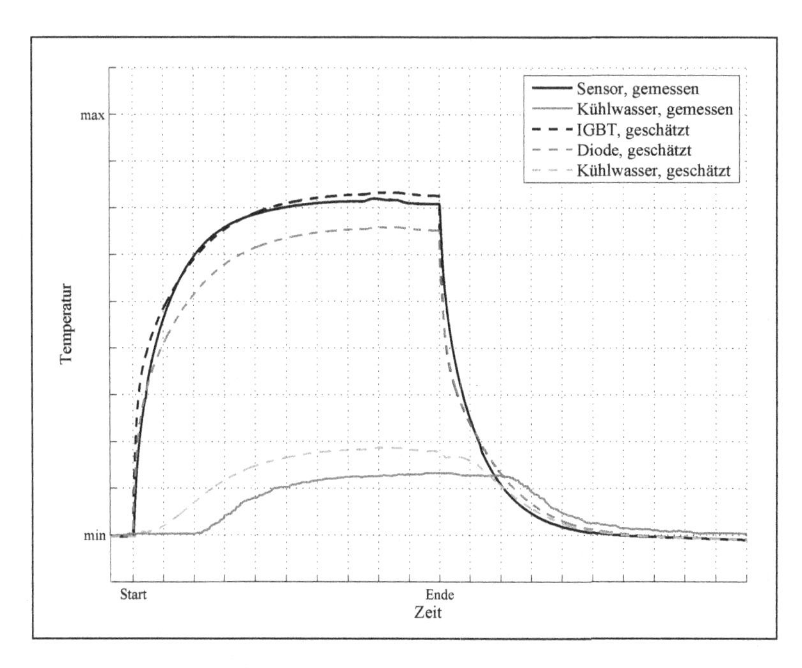

Abbildung 6.4: Versuchsergebnis bei Belastung mit symmetrisch verteilten Verlustleistungen und halbiertem Kühlwasservolumenstrom.

Die im Experiment sichtbare Abweichung zu Beginn und am Ende der Belastung rührt nicht von Ungenauigkeiten innerhalb des Modells, sondern sind durch die Totzeit zwischen Kühlerauslass und der Messturbine erklärbar. Messtechnisch manifestiert sich das auch darin, dass bei einer weiteren Reduktion des Kühlwasservolumenstroms sich die Totzeit entsprechend vergrößert.

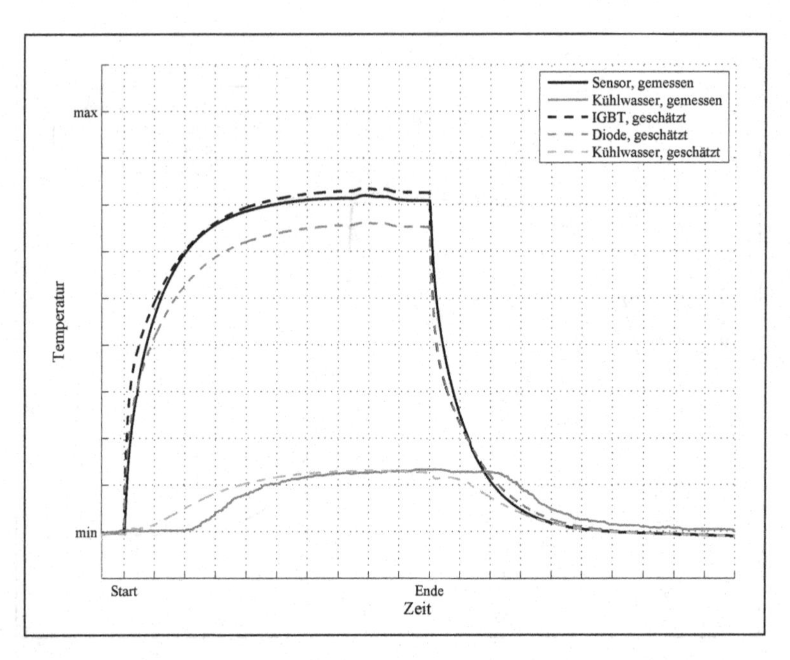

Abbildung 6.5: Versuchsergebnis bei Belastung mit symmetrisch verteilten Verlustleistungen und halbiertem Kühlwasservolumenstrom.

6.3 Kühlwassermodelle

Wie eingangs beschrieben, sind durch eine Veränderung des Kühlwasservolumenstroms zwei Effekte zu berücksichtigen. Es handelt sich dabei a) um die Änderung des Wärmeübergangskoeffizienten α vom Kühler ins Kühlwasser und b) um den Temperaturanstieg zwischen Ein- und Auslass des Kühlwassers. Während die Halbbrückenmodelle nur an den veränderten Wärmeübergangskoeffizienten angepasst werden müssen, ist für die Kühlwassermodelle aus Kapitel 5 die Berücksichtigung beider Effekte notwendig.

Im Folgenden wird eine Methode vorgestellt, die es ermöglicht, die Kühlwassermodelle an die geänderten Randbedingungen anzupassen. Analog zur Vorgehensweise aus Kapitel 6.2 dient der Parameter p_1 aus Gleichung 6.4 der Skalierung der Leitwerte zwischen Kühler und Kühlwasser. Zur Berücksichtigung des zweiten Effekts, der Kühlwassererwärmung, wird ein weiterer Parameter p_2 eingeführt, der die Leitwerte in Flussrichtung des Kühlmediums skaliert. Die Anpassung der erweiterten Kühlwassermodelle wird in Kapitel 6.3.1 anhand der symmetrisch verteilten Verlustleistungen durchgeführt. Da sich die Modellstruktur von den bisherigen Verfahren bzgl. der Anzahl an Parametern unterscheidet, befasst sich Kapitel 6.3.2 mit dem Beobachterentwurf für die erweiterten Kühlwassermodelle unter dem Einfluss von variablem Kühlwasservolumenstrom. Abgeschlossen wird auch dieses Kapitel mit der Diskussion der zugehörigen Versuchsergebnisse.

6.3.1 Modellbeschreibung für symmetrisch verteilte Verlustleistungen

Bei der linear parametervarianten Erweiterung des Kühlwassermodells zur Berücksichtigung des variablen Volumenstroms (Index: vV) bleibt die Ausgangsmatrix $C_{VB,sV}$ unverändert, wodurch die Ausgangsgleichung gemäß

$$y_{VB,sV,vV} = C_{VB,sV} x_{VB,sV,vV} \qquad \text{Gl. 6.10}$$

gegeben ist.

Wesentlich umfangreicher stellt sich die Modellanpassung bei der Beschreibung der Dynamikmatrix dar. Wird beispielsweise der Kühlwasservolumenstrom reduziert, treten die in Abbildung 6.6 dargestellten Effekte auf.

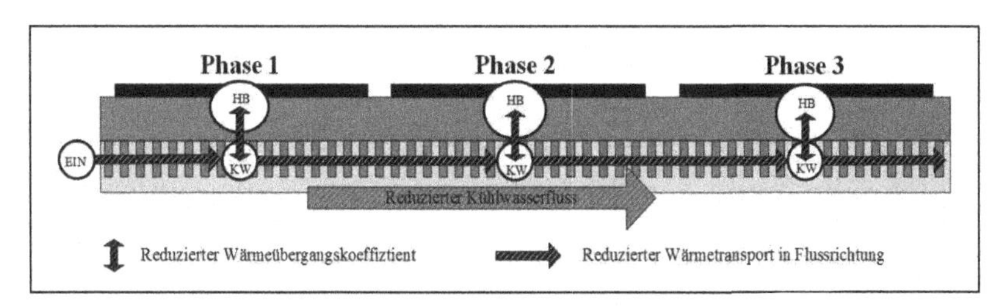

Abbildung 6.6: Einfluss von reduziertem Kühlwasservolumenstrom auf das erweiterte Kühlwassermodell.

Durch die schraffierten Doppelpfeile sind die reduzierten (*bidirektionalen*) Wärmeübergänge zwischen Kühler und Kühlwasser dargestellt. Der reduzierte (*gerichtete*) Wärmetransport in Flussrichtung wird durch einen schraffierten Pfeil in Flussrichtung beschrieben. Darauf aufbauend folgt im weiteren Verlauf die linear parametervariante Erweiterung des Kühlwassermodells.

Innerhalb der Dynamikmatrix ist der Übergang von Kühler nach Kühlwasser durch die Leitwerte im Vektor $g_{HB,sV}$ bzw. $g^T_{HB,sV}$ und der zugehörigen Diagonalmatrix $G^D_{HB,sV}$ beschrieben, die mit p_1 skaliert werden.

Analog zu dieser Vorgehensweise erfolgt die Anpassung des Leitwerts G_{fl}. Hierfür wird der Parameter p_2 eingeführt, der durch dessen Abhängigkeit vom Volumenstrom näherungsweise durch den Quotienten

$$p_2 = \frac{\dot{V}_{KW,ist}}{\dot{V}_{KW,nom}} \qquad \text{Gl. 6.11}$$

beschrieben ist. Der Quotient lässt sich durch den Zusammenhang erklären, dass sich bei einer Halbierung des tatsächlichen Volumenstroms $\dot{V}_{KW,ist}$ gegenüber dem nominalen Volumenfluss $\dot{V}_{KW,nom}$, auch der Wärmetransport in Flussrichtung, also G_{fl} halbiert. Für den Fall $\dot{V}_{KW,ist} = \dot{V}_{KW,nom}$ ist $p_2 = 1$, wodurch der Wärmeleitwert G_{fl} nicht verändert wird und der parametervariante Anteil gekürzt werden kann.

Die Dynamikmatrix aus Gleichung 5.10 erhält durch die Berücksichtigung des variablen Volumenstroms eine zweifache Parameterabhängigkeit von p_1 und p_2 und kann als

$$A_{VB,sV,vV}(p_1\ p_2) = \begin{bmatrix} K^{-D}_{VB,sV} & 0 \\ 0 & 1 \end{bmatrix} \cdot \begin{bmatrix} Y^{p_1\,G}_{HB,sV} & 0_{8,8} & 0_{8,8} & p_1\, g_{HB,sV} & 0_{8,1} & 0_{8,1} & 0_{8,1} \\ 0_{8,8} & Y^{p_1\,G}_{HB,sV} & 0_{8,8} & 0_{8,1} & p_1\, g_{HB,sV} & 0_{8,1} & 0_{8,1} \\ 0_{8,8} & 0_{8,8} & Y^{p_1\,G}_{HB,sV} & 0_{8,1} & 0_{8,1} & p_1\, g_{HB,sV} & 0_{8,1} \\ p_1\, g^T_{HB,sV} & 0_{1,8} & 0_{1,8} & -G^{p_1\,p_2\,S}_{sV,vV} & 0 & 0 & p_2\, G_{fl} \\ 0_{1,8} & p_1\, g^T_{HB,sV} & 0_{1,8} & p_2\, G_{fl} & -G^{p_1\,p_2\,S}_{sV,vV} & 0 & 0 \\ 0_{1,8} & 0_{1,8} & p_1\, g^T_{HB,sV} & 0 & p_2\, G_{fl} & -G^{p_1\,p_2\,S}_{sV,vV} & 0 \\ 0_{1,8} & 0_{1,8} & 0_{1,8} & 0 & 0 & 0 & 0 \end{bmatrix} \qquad \text{Gl. 6.12}$$

geschrieben werden. In Gleichung 6.12 treten die Parameter zusätzlich in der Submatrix der Knotenadmittanzmatrix

$$Y^{p_1\,G}_{HB,sV} = Y_{HB,sV} - p_1\, G^D_{HB,sV} \qquad \text{Gl. 6.13}$$

und in den Diagonalelementen der Kühlwasserzustände

$$G^{p_1\,p_2\,S}_{sV,vV} = p_2\, G_{fl} + p_1 \sum_{i=1}^{8} g_{HB,sV}(i). \qquad \text{Gl. 6.14}$$

auf. Bei dieser Anpasssung zeigen sich erneut die Vorteile der systematischen Modellbildung aus Kapitel 3. So werden nur die durch den variablen Volumenstrom beeinflussten Größen skaliert, während die restlichen Vektoren und Matrizen unverändert bleiben.

Die Dynamikgleichung des erweiterten Kühlwassermodells kann für den Fall von variablem Volumenstrom geschrieben werden als

$$\dot{x}_{VB,sV,vV} = A_{VB,sV,vV}(p_1,p_2)x_{VB,sV,vV} + B_{VB,sV}u_{VB,sV}. \quad \text{Gl. 6.15}$$

Für die parameteraffine Darstellung der Dynamikgleichung wird analog zu Abschnitt 6.2 die Dynamikmatrix aus Gleichung 6.12 in die ursprüngliche parameterunabhängige Dynamikmatrix $A_{VB,sV}$ und die Matrizen $A_{VB,sV,P1}$, $A_{VB,sV,P2}$ zerlegt, so dass die Dynamikgleichung als

$$\dot{x}_{VB,sV,vV} = \overbrace{(A_{VB,sV} + (p_1-1)A_{VB,sV,P1} + (p_2-1)A_{VB,sV,P2})}^{A_{VB,sV,vV}(p_1,p_2)}x_{VB,sV,vV} + B_{VB,sV}u_{VB,sV} \quad \text{Gl. 6.16}$$

ausgedrückt werden kann. Dabei setzt sich $A_{VB,sV,P1}$ aus den mit p_1 multiplizierten Einträgen von $A_{VB,sV,vV}(p_1,p_2)$ zusammen und analog dazu umfasst $A_{VB,sV,P2}$ die mit p_2 multiplizierten Einträge. Die ausführlichen Darstellungen von $A_{VB,sV,P1}$ und $A_{VB,sV,P2}$ sind im Anhang A.2 zu finden. Auch für das Kühlwassermodell für variablen Volumenstrom ist die parameteraffine Darstellung vorteilhaft für Implementierung auf dem Steuergerät.

Zusammenfassend sind die Eigenschaften des Kühlwassermodells bei symmetrischer Verlustleistung und variablem Volumenstrom in Tabelle 6.3 gezeigt.

Tabelle 6.3: Systemeigenschaften Kühlwassermodell für symmetrische Verlustleistung und variablen Volumenstrom.

Kühlwassermodell, symmetrische Verluste, variabler Volumenstrom			
Zustände	Eingänge	Ausgänge	Parameter
28	2	3	2

Die Übertragung der Vorgehensweise von Modellen mit symmetrischen Verlustleistungen auf Modelle mit asymmetrischen Verlustleistungen ist dank der in dieser Arbeit eingeführten Nomenklatur sehr analog. Die ausführliche Beschreibung des erweiterten Kühlwassermodells für asymmetrische Verlustleistungen und variablen Volumenstrom, das folglich alle drei Anforderungen abdeckt, ist im Anhang A.3 zu finden. Die Eigenschaften des somit umfangreichsten Modells dieser Arbeit lassen sich gemäß Tabelle 6.4 zusammenfassen.

Tabelle 6.4: Systemeigenschaften Kühlwassermodell für asymmetrische Verlustleistung und variablen Volumenstrom.

Kühlwassermodell, asymmetrische Verluste, variabler Volumenstrom			
Zustände	Eingänge	Ausgänge	Parameter
46	12	3	2

6.3.2 Linear parametervarianter Beobachter

Für den Beobachterentwurf des erweiterten Kühlwassermodells für variablen Volumenstrom wird die Parameterabhängigkeit analog zu Kapitel 6.2.2 berücksichtigt. Die Vorgehensweise wird wiederum anhand des Modells für symmetrisch verteilte Verlustleistungen veranschaulicht. Im Fall des erweiterten Kühlwassermodells mit variablem Volumenstrom ist die Beobachtbarkeitsmatrix $O_{VB,sV}(p_1, p_2)$ nun von beiden Parametern p_1 und p_2 abhängig und durch

$$O_{VB,sV}(p_1, p_2) =$$

$$\begin{bmatrix} C_{VB,sV} \\ C_{VB,sV}\left(A_{VB,sV} + (p_1 - 1)A_{VB,sV,P1} + (p_2 - 1)A_{VB,sV,P2}\right) \\ \vdots \\ C_{VB,sV}\left(A_{VB,sV} + (p_1 - 1)A_{VB,sV,P1} + (p_2 - 1)A_{VB,sV,P2}\right)^{27} \end{bmatrix} \qquad \text{Gl. 6.17}$$

gegeben.

Für die linear parametervarianten Modelle aus den Kapiteln 6.3.1 und A.3 ergibt die Analyse der Beobachtbarkeitsmatrix vollen Rang, solange $p_1 \neq 0$ und $p_2 \neq 0$ gilt [51].

Der Fall $p_1 = 0$ bedeutet, dass Kühlwasser- und Kühlertemperatur thermisch unabhängig sind, d.h. kein Wäremübertrag zwischen Kühler und Kühlwasser stattfindet. Analog zu den Erläuterungen in 6.2.2 kann dieser Fall als unphysikalisch ausgeschlossen werden.

Der interessantere Fall $p_2 = 0$ bedeutet, dass es keinen gerichteten Wärmetransport in Flussrichtung gibt, also $Q_{Flussrichtung} = 0$ ist. Dieser Fall könnte physikalisch auftreten und entspräche einem Stillstand des Kühlwassers. Innerhalb des Modells bedeutet dies, dass die Störgröße „Einlasstemperatur" unabhängig von den weiteren Kühlwassertemperaturen wird und somit nicht mehr geschätzt werden kann, d.h. nicht beobachtbar ist.

Der Sonderfall, wenn der Kühlwasserfluss zum Erliegen kommt, wird separat in Kapitel 8.1 diskutiert und für den Entwurf des Beobachters zunächst ausgeschlossen. Folglich wird das System als beobachtbar klassifiziert und es kann eine Rückführmatrix $L_{VB,sV}$ so bestimmt werden, dass die resultierende Beobachterdynamik

$$\begin{aligned}\dot{\hat{x}}_{VB,sV,vV} =& A_{VB,sV}\hat{x}_{VB,sV,vV} \\ &+ ((p_1-1)A_{VB,sV,P1} + (p_2-1)A_{VB,sV,P2})\hat{x}_{VB,sV,vV} \\ &+ B_{VB,sV}u_{VB,sV} \\ &+ L_{VB,sV}(y_{VB,sV,vV} - C_{VB,sV}\hat{x}_{VB,sV,vV})\end{aligned} \qquad \text{Gl. 6.18}$$

stabil ist und für alle zulässigen Werte von p_1 und p_2 stabil bleibt.

Die Struktur des Beobachters entspricht dem in Abbildung 6.7 gezeigten Blockschaltbild. Der Beobachter benötigt als zusätzliche Eingangsgrößen die Werte für p_1 und p_2, die aus dem momentanen Kühlwasservolumenstrom $\dot{V}_{KW,ist}$ bestimmt werden.

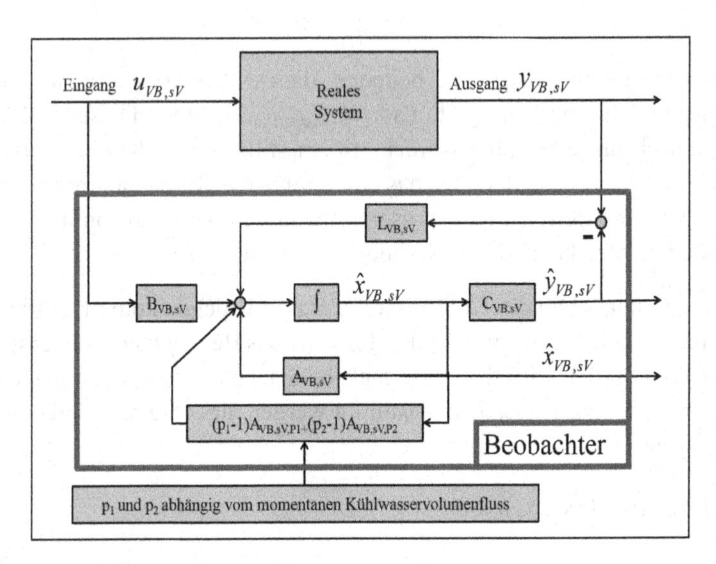

Abbildung 6.7: Beobachterstruktur für Kühlwassermodelle mit variablem Volumenstrom.

6.3.3 Versuchsergebnisse

Die Durchführung der Experimente lehnt an die Versuche in Kapitel 6.2.3 an. Das erweiterte Kühlwassermodell für symmetrische Verlustleistungen mit der Anpassung an variablen Kühlwasservolumenstrom wird anhand von zwei Versuchen gegenübergestellt. Zunächst zeigt Abbildung 6.8 die Ergebnisse bei nominalem Kühlwasservolumenstrom unter Verwendung des linear parametervarianten Modells.

Die Temperaturverläufe gleichen den Ergebnissen aus Abbildung 5.5. Bei einer Kühlung des Pulswechselrichters durch nominalen Kühlwasservolumenstrom gilt $p_1 = p_2 = 1$, wodurch sich Gleichung 6.16 auf Gleichung 5.14 reduziert. Somit basieren das lineare Modell und das linear parametervariante Modell auf derselben Rechenvorschrift. Im Schaubild ist gezeigt, dass sowohl Ein- als auch Auslasstemperatur des Kühlwassers korrekt geschätzt werden.

Wird der Kühlwasservolumenstrom auf die Hälfte seines nominellen Wertes reduziert, ergeben sich die Temperaturverläufe in Abbildungen 6.9.

Ohne die linear parametervariante Erweiterung für den variablen Kühlwasservolumenstrom zeigen die Ergebnisse in Abbildung 6.9, dass eine korrekte Tem-

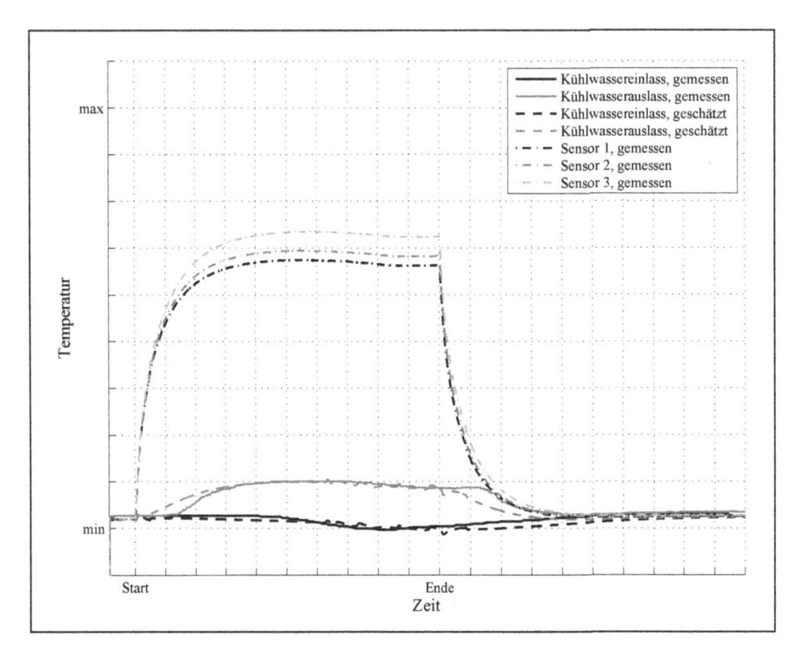

Abbildung 6.8: Versuchsergebnis Temperaturmodell Kühlwasserein-/auslassschätzung bei symmetrischer Verlustleistung und nominalem Kühlwasservolumenstrom.

peraturschätzung nicht gelingt. Während der Belastungsphase werden Ein- und Auslasstemperatur überschätzt und der Temperaturanstieg zwischen Ein- und Auslass unterschätzt.

Im Gegensatz dazu zeigen die Ergebnisse des linear parametervarianten Modells in Abbildung 6.10, dass das Temperaturverhalten des Kühlmediums korrekt abgebildet werden kann. Die geschätzten Ein- und Auslasstemperaturen als auch der geschätzte Temperaturanstieg zwischen Ein- und Auslass weichen nur gering von den gemessenen Werten ab. Die Abweichung zu Beginn bzw. am Ende der Belastungsphase kann analog zu den Ergebnissen in Kapitel 6.2.3 wieder durch die Totzeit zwischen Kühlerauslass und Messeinrichtung begründet werden.

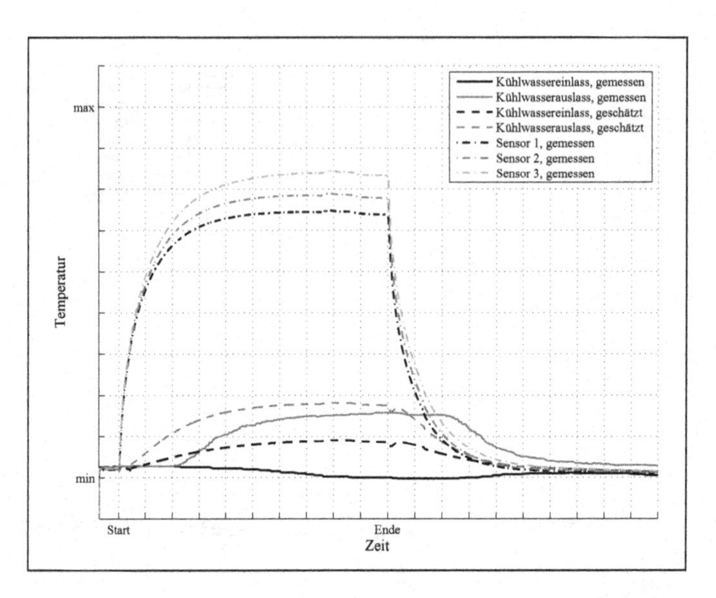

Abbildung 6.9: Versuchsergebnisse bei symmetrisch verteilten Verlustleistungen und halbiertem Kühlwasservolumenstrom.

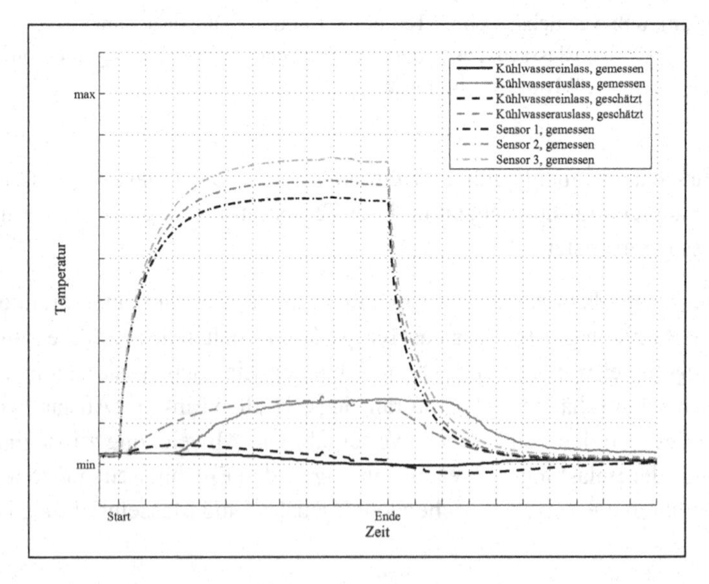

Abbildung 6.10: Versuchsergebnisse bei symmetrisch verteilten Verlustleistungen und halbiertem Kühlwasservolumenstrom.

7 Modellbaukasten

Die Temperaturmodelle aus den Kapiteln 4, 5 und 6 werden in diesem Abschnitt zu einem Modellbaukasten zusammengeführt. Im Rahmen dieser Übersicht wird eine Möglichkeit beschrieben, mit der die Modelle bezüglich ihres Berechnungsaufwands verglichen werden können. Grundlage bilden die Anzahl an Multiplikationen und Additionen, die erforderlich sind, um die zeitdiskrete (Index: d) Beobachtergleichung

$$\hat{x}(k+1) = (A_d - L_d \cdot C_d) \cdot \hat{x}(k) + B_d \cdot u(k) + L_d \cdot y(k) \qquad \text{Gl. 7.1}$$

für einen Zeitschritt zu berechnen. Dabei sind k und $k+1$ Abtastzeitpunkte des zeitdiskreten Systems.

Als einführendes Beispiel zur Bestimmung des Berechnungsaufwands wird angenommen, dass der Beobachter in Gleichung 7.1 genau 1 Zustand, 1 Eingang und 1 Ausgang hat. Die Anzahl an Rechenoperationen kann durch das simple Zählen der Operatoren bestimmt werden, wodurch der Rechenaufwand 3 Additionen inklusive Subtraktionen und 4 Multiplikationen umfasst, folglich benötigt man 7 Operationen insgesamt.

Bei den Modellen mit einer Anpassung an variablen Volumenstrom wird die Bestimmung des Rechenaufwands anhand folgender Darstellung

$$\hat{x}(k+1) = (A_d + (p_1 - 1) \cdot A_{P1,d} - L_d \cdot C_d) \cdot \hat{x}(k) + B_d \cdot u(k) + L_d \cdot y(k) \quad \text{Gl. 7.2}$$

analog zu Gleichungen 6.9 und 6.18 durchgeführt. Grundsätzlich könnte der Term $(A_d + (p_1 - 1) \cdot A_{P1,d} - L_d \cdot C_d) \cdot \hat{x}(k)$ ausmultipliziert werden:

$$\hat{x}(k+1) = A_d \cdot \hat{x}(k) + (p_1 - 1) \cdot A_{P1,d} \cdot \hat{x}(k) - L_d \cdot C_d \cdot \hat{x}(k) + B_d \cdot u(k) + L_d \cdot y(k), \quad \text{Gl. 7.3}$$

was allerdings zu einer Erhöhung des Rechenaufwands führen würde. Unter Verwendung der Beispielsystems mit 1 Zustand, 1 Eingang, 1 Ausgang und nun 1 Parameterabhängigkeit haben die unterschiedlichen Darstellungsformen folgende Rechenaufwände:

- Gleichung 7.2: 5 Additionen, 5 Multiplikationen, folglich 10 Operationen insgesamt,
- Gleichung 7.3: 5 Additionen, 7 Multiplikationen, also 12 Operationen insgesamt.

Bei steigenden Systemdimensionen wird die Bestimmung des Rechenaufwands durch die Matrizenoperation deutlich aufwändiger. Als Grundlage werden folgende Regeln formuliert:

- Für die Multiplikation zweier Matrizen $M_1^{a \times b}$ und $M_2^{b \times c}$ mit den Dimensionen $a \times b$ bzw. $b \times c$ werden $a \cdot b \cdot c$ Multiplikationen und $a \cdot (b-1) \cdot c$ Additionen für das Ergebnis benötigt.
- Für die Multiplikation einer Matrix $M_1^{a \times b}$ mit einem Skalar werden $a \cdot b$ Multiplikationen benötigt.
- Für die Addition zweier Matrizen $M_1^{a \times b}$ und $M_3^{a \times b}$ werden $a \cdot b$ Additionen benötigt.

Das grundlegende Modell, also die Basis für die Temperaturüberwachung, ist das Halbbrückenmodell aus Kapitel 4.1. Der Modellbaukasten adressiert nun die drei Erweiterungskategorien:

- asymmetrische Verlustleistung
- Erweiterung Kühlwasserschätzung
- variabler Volumenstrom.

Er umfasst insgesamt 8 Modelle, wobei jedes einzelne Modell einer Spalte in Tabelle 7.1 entspricht.

Die oberste Zeile der Tabelle benennt das jeweilige Kapitel, in dem das Modell ausführlich beschrieben wird. Die folgenden drei Zeilen charakterisieren den Funktionsumfang. Ein „X“ markiert, ob das Modell die entsprechende Erweiterung beinhaltet. Anschließend werden die Charakteristiken der zugehörigen Systemdimensionen aus den Tabellen 4.1, 4.2, 5.1, 5.2, 6.1, 6.2, 6.3 und 6.4 zusammengefasst.

Die letzten drei Zeilen geben die Anzahl an Multiplikationen und Additionen an, die gemäß der oben beschriebenen Regeln bestimmt wurden. Werden die einzelnen Modelle nach der Anzahl der Operationen sortiert, erhält man das in Abbildung 7.1 gezeigte Balkendiagramm.

Es ist erkennbar, dass die Halbbrückenmodelle den geringsten Rechenaufwand benötigen, selbst in den Fällen, bei denen asymmetrische Verlustleistungen und variabler Volumenstrom berücksichtigt sind. Bei den Modellen mit Ein-

Tabelle 7.1: Zusammenfassung der Modelle als Baukasten

Kapitel	4.1	4.2	5.3	5.4	6.2.1	A.1	6.3.1	A.3
asymmetrische Verlustleistung		x		x		x		x
Erweiterung Kühlwasserschätzung			x	x			x	x
variabler Volumenstrom					x	x	x	x
Zustände	9	15	28	46	9	15	28	46
Eingänge	2	4	2	12	2	4	2	12
Ausgänge	1	1	3	3	1	1	3	3
Parameter	0	0	0	0	1	1	2	2
Multiplikationen	189	525	3276	9154	270	750	4844	13386
Additionen	189	555	3276	9614	271	781	4846	13848
Operationen	378	1080	6552	18768	541	1531	9690	27234

und Auslassschätzung der Kühlwassertemperatur hat insbesondere die Verteilung der Verlustleistung einen großen Einfluss auf die Anzahl an Operationen. Hervorzuheben ist, dass die Spanne zwischen dem umfangreichsten Modell (VB, aV, vV), das alle Anforderungen abdeckt, und dem einfachsten Modell (HB, sV), das 70-fache des Rechenaufwands beträgt.

Abhängig von der Topologie des Antriebsstrangs lohnt sich folglich die kritische Analyse der Anforderungen an die thermische Überwachung des Wechselrichters. Der erarbeitete Baukasten bietet dann durch die systematische Modellbildung das Potenzial, den Rechenaufwand auf ein Mindestmaß zu reduzieren und gemäß dem Prinzip „So wenig wie möglich, so viel wie nötig“ zur Laufzeitoptimierung und μController Entlastung im Steuergerät beizutragen.

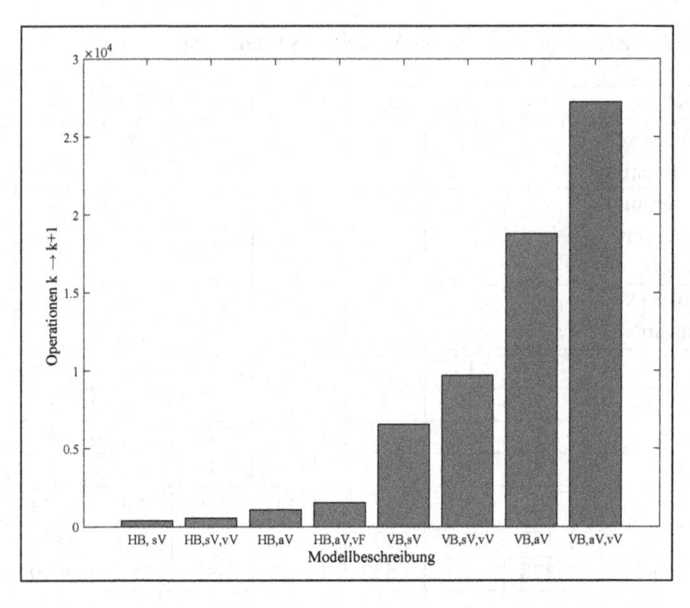

Abbildung 7.1: Berechnungsaufwand der Modelle je Zeitschritt, aufsteigend sortiert.

8 Ausblick und Ansätze zur Weiterarbeit

In diesem vorletzten Kapitel der Arbeit werden weiterführende Themen betrachtet, die einerseits mögliche Fehlersituationen beschreiben und andererseits Möglichkeiten zur Erweiterung des entwickelten Baukastens darstellen. Zu den betrachteten Fehlersituationen gehören das thermische Verhalten des Wechselrichters bei Kühlwasserausfall und bei umgekehrtem Kühlwasservolumenfluss, die die Genauigkeit und die Zuverlässigkeit der beobachterbasierten Temperaturüberwachung beeinträchtigen. Die Erweiterungsansätze des Modellkastens thematisieren den Umgang mit unbekanntem variablen Kühlwasservolumenfluss und eine mögliche Modellerweiterung durch die Betrachtung der Temperaturen des Gleichstromtransformators, der das Niedervoltbordnetz mit Energie aus der Hochvoltbatterie versorgt. Die einzelnen Punkte werden in den folgenden Abschnitten kurz erläutert. Zusätzlich werden Ideen skizziert, um diese Themen z.B. in Form von nachfolgenden Abschlussarbeiten weiter zu verfolgen. Abgeschlossen wird das Kapitel mit einem zusammenfassenden Fazit.

8.1 Thermisches Verhalten des Wechselrichters bei Kühlwasserausfall

Der erste Ansatz zur Weiterarbeit fußt auf der Situation, dass das Kühlwasser ausfällt bzw. der Kühlwasserfluss zum Erliegen kommt. Ursache könnte z.B ein Defekt der Kühlwasserpumpe oder ein Leck im Kühlkreislauf sein. Mit der Zielsetzung, den Eigenschutz der Komponente unabhängig von externen Diagnosen sicherzustellen, wird in diesem Kapitel das thermische Verhalten des Pulswechselrichters bei stehendem Kühlwasser genauer betrachtet. Durch eine geeignete Auswertung der Temperatursensoren können Fehler erkannt und Schutzreaktionen eingeleitet werden. Hierfür werden die Unterschiede zwischen Normalfall und Fehlerfall zunächst experimentell untersucht.

Im Normalfall, bei fließendem Kühlwasser und gleichzeitiger thermischer Belastung der Leistungsmodule, zeigt die Kühlwassertemperatur einen räumlichen Gradienten zwischen Ein- und Auslass des Kühlwassers, wie in Abbildung 8.1 skizziert.

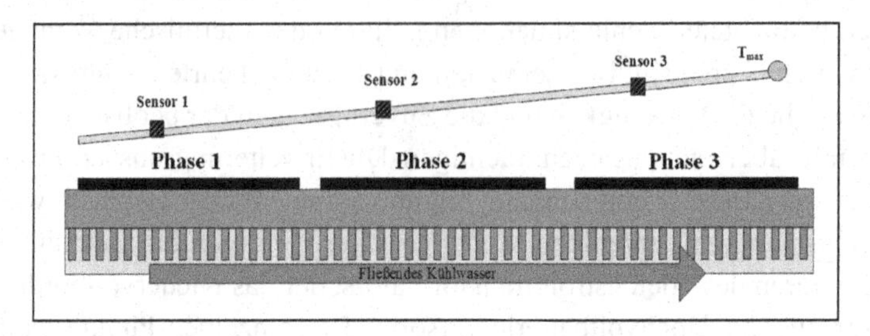

Abbildung 8.1: Temperaturverteilung bei fließendem Kühlwasser und thermischer Belastung.

Kommt der Kühlwasserfluss zum Erliegen, ändert sich das räumliche Temperaturfeld. Die Wärmeenergie kann nicht mehr gerichtet über das Kühlwasser nach außen abgeführt werden. Stattdessen verhält sich die gesamte Komponente näherungsweise wie ein Wärmepuffer bzw. eine große Wärmekapazität, bei der nur ein geringer Teil der Energie über Luftkonvektion abgegeben wird. Die anfallenden Verlustleistungen in den Halbleitern bewirken eine kontinuierliche Erwärmung von Leistungsmodul, Kühler, Kühlwasser und den angrenzenden Bauteilen. Hierbei konzentriert sich die höchste Temperatur im Zentrum der Aufspannfläche der Leistungsmodule. Das räumliche Temperaturfeld ändert sich von Abbildung 8.1 zu Abbildung 8.2.

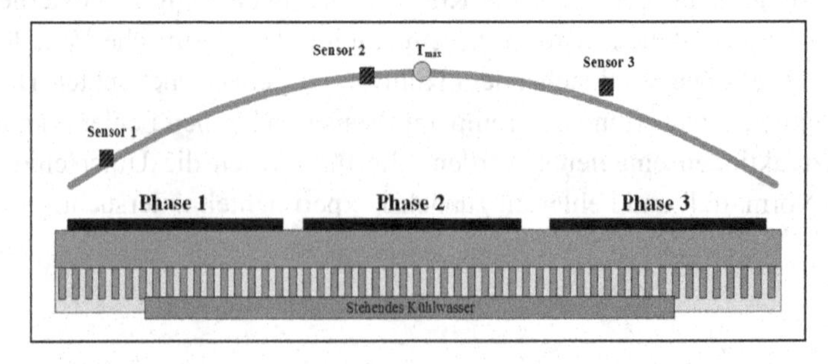

Abbildung 8.2: Temperaturverteilung bei stehendem Kühlwasser bzw. Kühlwasserausfall und thermischer Belastung.

Um den Wechselrichter in dieser Situation vor Überhitzung zu schützen, müssen geeignete Diagnosen entwickelt werden, die gegebenenfalls eine Notabschaltung oder andere Schutzreaktionen auslösen. Eine Möglichkeit zur Erkennung eines Kühlwasserausfalls ist die Unterscheidung, welcher Temperatursensor im belasteten Zustand die höchste Temperatur misst. Ein Vergleich von Abbildung 8.1 und 8.2 zeigt, dass bei stehendem Kühlwasser an Phase 2 die höchste Temperatur gemessen wird. Im Normalfall wäre es die Temperatur an Phase 3. Voraussetzung für eine derartige Diagnose ist, dass symmetrisch verteilte Verlustleistungen angenommen werden können. Bei geringen elektrischen Frequenzen bzw. bei „Stehen am Berg" könnte, auch bei fließendem Kühlwasser, an Phase 2 die höchste Temperatur gemessen werden, wenn der Strom zu diesem Zeitpunkt über die LowSide des Leistungsmoduls fließt. Daher sollte eine Diagnose auf diese Weise nur bei höheren elektrischen Frequenzen aktiv sein. Nähere Untersuchungen bei geringen elektrischen Frequenzen könnte ein Thema zur Weiterarbeit sein.

8.2 Thermisches Verhalten des Wechselrichters bei umgekehrter Flussrichtung des Kühlwassers

Ein ebenfalls relevanter Fehlerfall beschreibt die Situation, bei der die Flussrichtung des Kühlwassers umgekehrt wird, so dass die Leistungsmodule in der Reihenfolge 3, 2, 1 gekühlt werden. Sofern dieser Fall von nichtbestimmungsgemäßem Gebrauch nicht ausgeschlossen werden kann, beispielsweise durch konstruktive Maßnahmen wie unterschiedliche Anschlüsse für Vor- und Rücklauf des Kühlwassers („Poka Yoke" [73]), sollten die Folgen für die Temperaturüberwachung genauer betrachtet werden.

Unter thermischer Belastung hat in dieser Situation die Phase 1 die höchste Temperatur. Wird nur eine einzelne Halbbrücke für die Temperaturüberwachung verwendet, so muss dem Beobachter das Temperatursignal des Sensors von Phase 1 zugeführt werden. Dadurch wird gewährleistet, dass die Halbleiter mit der höchsten Temperatur überwacht werden und bei kritischen Temperaturen geeignete Maßnahmen eingeleitet werden können. Statt einer Festlegung eines bestimmten Sensorsignals könnte alternativ die maximale Temperatur der Phasen 1 bis 3 bestimmt und dem Beobachter zugeführt werden. Allerdings eignet sich dieser Ansatz nicht bei asymmetrisch verteilten Verlustleistungen,

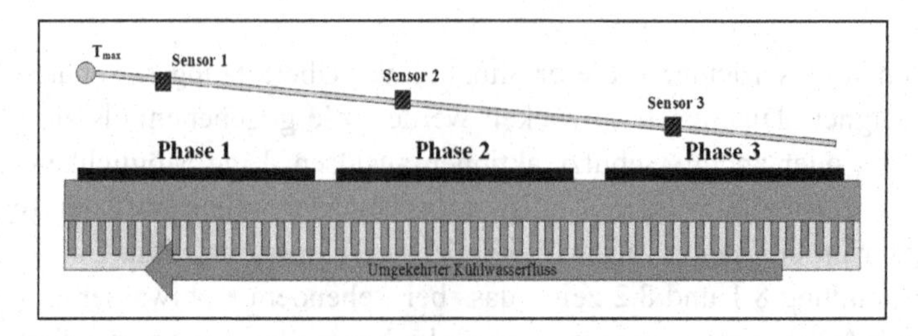

Abbildung 8.3: Temperaturverteilung bei umgekehrtem Kühlwasserfluss und thermischer Belastung.

da sich bei einem Wechsel des überwachten Leistungsmoduls von einer Phase zu einer anderen die Temperaturverteilung und die Verlustleistungen sprunghaft ändern.

Falls die Temperaturen mit Hilfe eines Kühlwassermodells mit Ein- und Auslassschätzung geschätzt werden, muss auch die Richtung der gerichteten Wärmeleitung im Kühlwassermodell angepasst werden. Der systematische Modellfehler würde sonst zu Abweichungen der geschätzten Kühlwasser- und Halbleitertemperaturen führen.

8.3 Beobachter für unbekannten Kühlwasservolumenstrom

Für die Temperaturmodelle mit variablem Kühlwasservolumenstrom aus Kapitel 6 wird davon ausgegangen, dass der im Betrieb zur Kühlung des Wechselrichters verwendete Volumenstrom bekannt ist, um die Parameter der linear parametervarianten Modelle bestimmen zu können. Ist der Kühlwasservolumenstrom unbekannt oder liegen keine Informationen über die Kühlwasserpumpe vor, so kann die Anpassung gemäß der Vorgehensweise aus Kapitel 6 nicht durchgeführt werden. Zwei Ansätze zur Schätzung des Kühlwasservolumenstroms werden im Folgenden adressiert.

Der erste Ansatz beruht auf der Idee, den Kühlwasservolumenstrom aus dem Temperaturunterschied zwischen Phase 1 und Phase 3 abzuleiten. Je größer der Temperaturunterschied, desto geringer ist der Kühlwasservolumenfluss. Allerdings ergeben sich bei dieser Vorgehensweise zwei Probleme. Erstens ist eine Schätzung des Kühlwasservolumenstroms nur dann möglich, wenn die Halbleiter Verlustleistung verursachen und zweitens könnten asymmetrisch verteilte Verlustleistungen zu einer fehlerhaften Schätzung führen. Die erste Feststellung lässt sich aus einem einfachen Beispiel ableiten: Angenommen die Halbleiter sind inaktiv, so zeigen alle Temperatursensoren unabhängig vom Kühlwasservolumenstrom denselben Wert. In diesem Fall könnte das Kühlwasser, ähnlich wie im vorangegangenen Kapitel, sogar ausgefallen sein. Diese Situation ist allerdings unkritisch, da die Halbleiter ohnehin inaktiv sind. Bei asymmetrisch verteilten Verlustleistungen stellt sich die Situation anders dar. Die Halbleiter sind aktiv und die Schätzung könnte abhängig von der Art und Weise der asymmetrischen Verteilung fehlerbehaftet sein. Auch diese Feststellung lässt sich an einem Beispiel veranschaulichen: Bei „Halten am Berg" erfassen die Temperatursensoren primär die unterschiedlichen Belastungen von HighSide und LowSide. So könnte die Situation entstehen, dass die gemessene Temperatur an Phase 1 höher ist als an Phase 3. Für diesen Fall würde ein „negativer" bzw. umgekehrter Kühlwasservolumenstrom geschätzt werden.

Beide Einschränkungen zeigen, dass diese erste Vorgehensweise nur mit Zusatzaufwand eingesetzt werden kann, z.B. könnte die Information über elektrische Drehfrequenz und die Stromverteilung genutzt werden, um die Funktion aktiv bzw. inaktiv zu schalten.

Der zweite Ansatz beruht auf der Idee, den Kühlwasservolumenfluss als weitere Störgröße im erweiterten Kühlwassermodell zu berücksichtigen. Das resultierende Modell hätte dann allerdings eine nichtlineare Struktur. Der Beobachterentwurf stellt daher eine nichttriviale Herausforderung dar, sofern die Bestimmung einer geeigneten Rückführmatrix überhaupt möglich ist [45].

Da die beiden Ansätze in der vorliegenden Arbeit nicht weiter vertieft wurden, sind sie als Grundlage für Folgearbeiten denkbar.

8.4 Erweiterung durch Gleichstromtransformator

Neben dem Pulswechselrichter als DC/AC-Wandler zwischen Hochvoltbatterie und Traktionsmaschinew ist in vielen Fällen ein Gleichspannungswandler ein weiterer Bestandteil eines Elektro- bzw. Hybridfahrzeugs. Aufgabe des Gleichspannungswandlers, auch DC/DC-Wandler genannt, ist die Energieversorgung des Bordnetzes aus der Hochvoltbatterie, indem er die Funktion eines

Tiefsetzstellers realisiert [58]. Vergleichbar zum Pulswechselrichter entstehen auch bei dieser Energiewandlung Verlustleistungen, die durch das Kühlwasser abgeführt werden. Sofern Pulswechselrichter und Gleichspannungswandler als Einheit mit einem gemeinsamen Kühler oder Kühlkanal konstruiert sind, kann der Modellbaukasten erweitert werden. Auch hier wäre eine beobachterbasierte Temperaturüberwachung denkbar, die eine Überwachung der Halbleiter- und Kühlwassertemperaturen innerhalb des Gleichspannungswandlers ermöglichen würde. Außerdem ist eine Erweiterung der Kühlwassermodelle aus Kapitel 5 um das Modell des Gleichstromwandlers denkbar. Abbildung 8.4 skizziert eine mögliche Verknüpfung der Modelle.

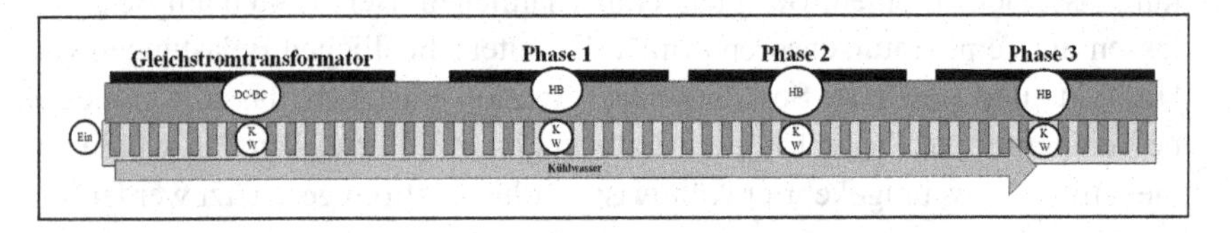

Abbildung 8.4: Kühlwassermodell mit Erweiterung durch Gleichstromtransformator.

In der gezeigten Abbildung werden Gleichspannungswandler und Pulswechselrichter seriell gekühlt. Durch eine Erweiterung des Kühlwassermodells um einen Knoten und der Anbindung des DC/DC-Modells kann der vorgestellte Baukasten aus Kapitel 7 entsprechend vergrößert werden. Voraussetzung ist ein geeignetes thermisches Modell des Gleichspannungswandlers. Herausfordernd für diese Erweiterung ist, dass der DC/DC-Wandler einen eigenen μ-Controller besitzt. Folglich müssen die Signale geeignet synchronisiert werden, um ein Gesamtmodell bilden zu können. Weiterführende Untersuchungen können ebenfalls Grundlage einer Folgearbeit sein.

8.5 Fazit

In der vorliegenden Arbeit liegt der Schwerpunkt der Modellierung auf den Halbleiter- und Kühlwassertemperaturen von Wechselrichtern für Elektro- und Hybridfahrzeuge. Für die Anforderungen asymmetrische Verlustleistungen, Ein-/Auslassschätzung der Kühlwassertemperatur und variabler Kühlwasservolumenstrom wurde eine Auswahl an Modellen erarbeitet, die sich zur echtzeitfähigen beobachterbasierten Temperaturüberwachung einsetzen lassen. Darüber hinaus wurden in diesem Kapitel einige Ideen diskutiert, die sich zur Weiterarbeit eignen würden. Hierbei ist besonders das Thema „Kühlwasserausfall“ hervorzuheben, um den Wechselrichter in diesem Extremfall vor Schaden zu schützen. Die Themen „umgekehrter Kühlwasservolumenstrom“, „unbekannter Kühlwasservolumenstrom“ und „Modellerweiterung Gleichstromtransformator“ bieten ebenfalls die Möglichkeit, die Temperaturüberwachung weiter zu vertiefen. Ausgehend von diesen Themen kann untersucht werden, inwiefern weitere Einflüsse bei der beobachterbasierten Temperaturüberwachung berücksichtigt werden müssen. Ein Beispiel ist, wenn sich die Wärmeleitfähigkeit der Leistungsmodule durch Alterung verschlechtert.

9 Zusammenfassung

Im Rahmen der vorliegenden Arbeit wurden Modelle zur echtzeitfähigen beobachterbasierten Temperaturüberwachung von Wechselrichtern für Elektro- und Hybridfahrzeuge entwickelt. Die Aufgabenstellung resultiert aus dem Anspruch, die Komponente gegenüber kritischen Überlastungen zu schützen und ihre Funktionalität über die Lebensdauer des Fahrzeugs hinweg zu gewährleisten. Maßgebliche Einflussgrößen auf die Alterung der Halbleiter bzw. der Aufbau- und Verbindungstechnik, sind die Verlustleistungen der Halbleiter und die daraus resultierenden Temperaturverläufe. Durch eine echtzeitfähige Temperaturüberwachung innerhalb des Steuergeräts können bei kritischen Zuständen geeignete Schutzmaßnahmen eingeleitet werden.

Grundlage der Untersuchungen war ein dreiphasiger Pulswechselrichter in Brückenschaltung, wobei jeweils eine Halbbrücke in einem separaten Leistungsmodul realisiert ist. Auf einem gemeinsamen Kühler werden die drei Leistungsmodule seriell vom Kühlwasser gekühlt und für die Temperaturmessung ist jedes Leistungsmodul mit einem Temperatursensor bestückt. Relevant für den Eigenschutz der Komponente sind allerdings vier Halbleitertemperaturen, die Kühlwassertemperatur sowie die Temperaturdifferenz zwischen Halbleiter und Kühlwasser. Somit kann unter alleiniger Verwendung der messbaren Temperaturen kein umfassender Eigenschutz erfolgen.

Der Einsatz eines Beobachters ist für diese Aufgabe besonders gut geeignet. Wird das thermische Verhalten der Leistungsmodule durch ein Modell mit den Verlustleistungen als Eingang abgebildet, können die Halbleitertemperaturen simuliert werden. Gleichzeitig wird die am Sensor gemessene Temperatur verwendet, um Störgrößen wie die Kühlwassertemperatur zu schätzen und so die Simulation zu korrigieren. Auf diese Weise können alle relevanten Temperaturen präzise geschätzt werden. Ziel der Arbeit war es, Modelle zu entwickeln, die das reale Verhalten hinreichend genau abbilden und kompakt genug sind, um echtzeitfähig im Steuergerät eingesetzt zu werden.

Die Modellbildung dieser Arbeit basiert auf einem physikalisch motivierten thermischen Ersatznetzwerk. Innerhalb des Netzwerks werden die relevanten bzw. modellierten Temperaturen als Knoten mit jeweils zugehörigen thermischen Kapazitäten dargestellt und die gegenseitige Erwärmung durch thermische Leitwerte beschrieben. Nach Einführung einer sehr generalisierten Struktur als Basis für die vielen Funktionalitäts- und Komplexitätserweiterungen für Temperaturmodelle im Rahmen dieser Arbeit wird der erarbeitete Identifikationsalgorithmus anhand eines Beispielmodells erläutert.

Zentrales Ergebnis der Arbeit ist ein modularer Modellbaukasten mit folgenden Kategorien:

- Umgang mit symmetrisch oder asymmetrisch verteilten Verlustleistungen
- mit oder ohne Schätzung der Ein- und Auslasstemperatur des Kühlwassers
- mit oder ohne Anpassung an variablen Kühlwasservolumenstrom.

Da sich die einzelnen Modellfunktionalitäten durch den eingeführten systematischen Ansatz beliebig kombinieren lassen, können insgesamt acht verschiedene Modelle unterschiedlicher Fähigkeit und Komplexität gebildet werden.

Halbbrückenmodelle bei konstantem Kühlwasservolumenstrom sind die einfachsten Modelle dieser Arbeit. Bei hinreichend hoher elektrischer Ausgangsfrequenz des Stroms kann die Verlustleistung als symmetrisch verteilt angenommen werden. Durch diese Vereinfachung lässt sich die Anzahl der zu modellierenden Halbleitertemperaturen auf zwei reduzieren. Bei kleinen elektrischen Frequenzen bzw. Stillstand und bei aktivem Kurzschluss der elektrischen Maschine sind die Bedingungen für symmetrisch verteilte Verlustleistungen dagegen nicht mehr erfüllt. Im Modell müssen konsequenterweise alle vier Halbleitertemperaturen des Leistungsmoduls abgebildet werden. Die Unterscheidung in symmetrische bzw. asymmetrische Verlustleistung beschreibt die erste Kategorie des erarbeiteten Modellbaukastens. Die eingeführte Modellstruktur erlaubt im weiteren Verlauf eine systematische Erweiterung der Halbbrückenmodelle.

Die erste Erweiterung umfasst Temperaturmodelle zur Schätzung von Ein- und Auslasstemperatur des Kühlwassers. Zusätzlich zu den Halbbrückenmodellen wird hierfür ein Kühlwassermodell entwickelt, welches das thermische Verhalten des fließenden Kühlwassers durch Wärmekapazitäten und Wärmeleitwerte abbildet. Aus der Kombination von Halbbrückenmodell und dem Kühlwassermodell ergibt sich ein Vollbrückenmodell. In Beobachterform erlaubt das Vollbrückenmodell neben der Überwachung aller zwölf Halbleiter des Wechselrichters die Schätzung von Ein- und Auslasstemperatur des Kühlwassers.

Dank der eingeführten Modellstruktur ist die Vorgehensweise zur Modellerweiterung für symmetrische und asymmetrische Verlustleistungen anwendbar.

Um den Einfluss von variablem Kühlwasservolumenstrom abzubilden, werden die erarbeiteten linear parametervarianten Modellansätze angewendet. Auch hier erlaubt die eingeführte Modellstruktur eine systematische Erweiterung der Modelle. Die vom Volumenfluss abhängigen Größen können durch die eingeführten Parameter auf passende Werte skaliert werden und die dargestellten Versuchsergebnisse zeigen, dass diese Anpassung notwendig ist, um das geänderte thermische Verhalten korrekt abzubilden.

Da im Rahmen der echtzeitfähigen Temperaturüberwachung der Rechenaufwand innerhalb des Steuergeräts eine wichtige Rolle spielt, sollten die Modelle so kompakt wie möglich, gegenüber den genannten Anforderungen aber so umfangreich wie nötig sein. Der eingeführte systematische Ansatz dieser Arbeit leistet somit einen wichtigen Beitrag zur Wahl eines geeigneten Temperaturmodells.

Zukünftig kann daran gearbeitet werden, die Temperaturüberwachung durch Diagnosen für Kühlwasserausfall zu ergänzen. Des Weiteren sind Untersuchungen bezüglich unbekanntem Kühlwasservolumenstrom, umgekehrte Flussrichtung, Gleichstromtransformator oder weiterer, im Steuergerät enthaltene Baugruppen denkbar. Es ist zu erwarten, dass mit steigender Relevanz von Elektro- und Hybridfahrzeugen die Anforderungen an den thermischen Eigenschutz der Leistungselektronik weiter wachsen werden. Die systematischen Ansätze, wie sie in dieser Arbeit entwickelt wurden, bieten viel Potenzial, diese Herausforderung anzunehmen.

Literaturverzeichnis

[1] ANSYS INC.: *ANSYS*. July 2015. – URL http://www.ansys.com/de_de

[2] ANTOULAS, A. C. ; SORENSEN, D. C. ; GUGERCIN, S.: A survey of model reduction methods for large-scale systems. In: *Contemporary Mathematics* 280 (2001), S. 193–219

[3] ANTOULAS, A.C. ; SORENSEN, D.C.: *Approximation of large-scale dynamical systems: An overview*. 2001

[4] AUER, M. ; KUTHADA, T. ; WIDDECKE, N. ; WIEDEMANN, J.: Increase in range of a battery electric vehicle by means of predictive thermal management. In: *15. Internationales Stuttgarter Symposium* Springer (Veranst.), 2015, S. 1495–1508

[5] AVENAS, Y. ; DUPONT, L. ; KHATIR, Z.: Temperature Measurement of Power Semiconductor Devices by Thermo-Sensitive Electrical Parameters: A Review. In: *Power Electronics, IEEE Transactions on* 27 (2012), Nr. 6, S. 3081–3092

[6] BAHUN, I. ; ČOBANOV, N. ; JAKOPOVIĆ, Ž.: Real-Time Measurement of IGBT''s Operating Temperature. In: *AUTOMATIKA: časopis za automatiku, mjerenje, elektroniku, računarstvo i komunikacije* 52 (2012), Nr. 4, S. 295–305

[7] BAKER, N. ; LISERRE, M. ; DUPONT, L. ; AVENAS, Y.: Improved Reliability of Power Modules: A Review of Online Junction Temperature Measurement Methods. In: *Industrial Electronics Magazine, IEEE* 8 (2014), Sept, Nr. 3, S. 17–27

[8] BÖCKH, P.v. ; WETZEL, T.: *Wärmeübertragung - Grundlagen und Praxis*. 4. Auflage. Berlin Heidelberg : Springer-Verlag, 2011

[9] BEJAN, A.: *Convection Heat Transfer*. John wiley & sons, 2013

[10] BLASKO, V. ; LUKASZEWSKI, R. ; SLADKY, R.: On line thermal model and thermal management strategy of a three phase voltage source inverter. In: *Industry Applications Conference, 1999. Thirty-Fourth IAS Annual*

Meeting. Conference Record of the 1999 IEEE Bd. 2, 1999, S. 1423–1431 vol.2

[11] BOGGS, D.L. ; PETERS, M.W. ; KOTRE, S.J.: *Electric coolant pump control strategy for hybrid electric vehicles.* August 19 2003. – URL https://www.google.com/patents/US6607142. – US Patent 6,607,142

[12] BORGEEST, K.: *Elektronik in der Fahrzeugtechnik.* Springer, 2010

[13] BREU, M. ; AKTAS, E.: *Verfahren und Steuerung zum Bereitstellen elektrischer Energie aus einer angetriebenen Drehstrom-Synchronmaschine.* März 28 2012. – URL http://www.google.com/patents/EP2433830A1?cl=de. – EP Patent App. EP20,100,181,485

[14] BRONSTEIN, I.N. ; SEMENDJAJEW, K.A. ; MUSIOL, G. ; H.MÜHLIG: *Taschenbuch der Mathematik.* 7. Auflage. Frankfurt am Main : Harri Deutsch Verlag, 2008

[15] BRYANT, A. ; YANG, S. ; MAWBY, P. ; XIANG, D. ; RAN, L. ; TAVNER, P. ; PALMER, P.R.: Investigation Into IGBT dV/dt During Turn-Off and Its Temperature Dependence, Oct 2011, S. 3019–3031

[16] BRYANT, A.T. ; ROBERTS, G.J. ; WALKER, A. ; MAWBY, P.A.: Fast Inverter Loss Simulation and Silicon Carbide Device Evaluation for Hybrid Electric Vehicle Drives. In: *Power Conversion Conference - Nagoya, 2007. PCC '07*, April 2007, S. 1017–1024

[17] CADENCE DESIGN SYSTEMS INC.: *OrCAD PSpice Designer.* July 2015. – URL http://www.orcad.com/products/orcad-pspice-designer/overview

[18] COMSOL INC.: *COMSOL.* July 2015. – URL http://www.comsol.de

[19] DAHLEH, M. ; DAHLEH, M.A. ; VERGHESE, G.: Lectures on dynamic systems and control. In: *A+ A* 4 (2004), Nr. 100, S. 1–100

[20] DAVIDSON, J.N. ; STONE, D.A. ; FOSTER, M.P.: Real-time temperature monitoring and control for power electronic systems under variable active cooling by characterisation of device thermal transfer impedance. In: *Power Electronics, Machines and Drives (PEMD 2014), 7th IET International Conference on*, April 2014, S. 1–6

[21] DECKER, M. ; RIEPL, T.: Calculating Transient Thermal Load of ECUs in Engine Compartment by Applying Simplified Physical Models. In: *Integrated Power Electronics Systems (CIPS), 2012 7th International Conference on*, March 2012, S. 1–6

[22] DIA, C.T. ; MONIER-VINARD, E. ; LARAQI, N. ; BISSUEL, V. ; DANIEL, O.: Dynamic sub-compact model and global compact model reduction for multichip components. In: *Thermal Investigations of ICs and Systems (THERMINIC), 2013 19th International Workshop on*, Sept 2013, S. 158–163

[23] DIE BUNDESREGIERUNG: *Nationaler Entwicklungsplan Elektromobilität der Bundesregierung.* April 2015. – URL `http://www.bmub.bund.de/fileadmin/bmu-import/files/pdfs/allgemein/application/pdf/nep_09_bmu_bf.pdf`

[24] ECHLE, A.: *Modellbildung und Parameteridentifikation thermischer Netzwerke in der Leistungselektronik von elektrischen Antrieben*, Hochschule Heilbronn, Diplomarbeit, 2012

[25] ELEFFENDI, M.A. ; JOHNSON, C.M.: Application of Kalman Filter to Estimate Junction Temperature in IGBT Power Modules.

[26] ELEFFENDI, M.A. ; JOHNSON, C.M.: Thermal path integrity monitoring for IGBT power electronics modules. In: *Integrated Power Systems (CIPS), 2014 8th International Conference on*, Feb 2014, S. 1–7

[27] ELEKTROMOBILITÄT, Nationale P.: Zweiter Bericht der Nationalen Plattform Elektromobilität. In: *Berlin, May* (2011)

[28] ELKURI, S.M.: *Thermische Untersuchungen an leistungselektronischen Systemen*, Technische Universität Ilmenau, Dissertation, 2005

[29] FAKHFAKH, M.A. ; AYADI, M. ; NEJI, R.: Thermal behavior of a three phase inverter for EV (Electric Vehicle). In: *MELECON 2010 - 2010 15th IEEE Mediterranean Electrotechnical Conference*, April 2010, S. 1494–1498

[30] FLAIG, F.: *The command center of the electrical powertrain.* June 2013. – URL `http://www.bosch.co.jp/en/press/pdf/group-1306-09-release.pdf`

[31] FRANKE, U. ; KRUMMER, R. ; REIMANN, T. ; PETZOLDT, S.J. ; LORENZ, L.: Online monitoring of power devices junction temperature in power converters using a 32-bit microcontroller. In: *Industrial Technology, 2003 IEEE International Conference on* Bd. 2, Dec 2003, S. 1130–1134 Vol.2

[32] GAHINET, P. ; APKARIAN, P. ; CHILALI, M.: Affine Parameter-Dependent Lyapunov Functions and Real Parametric Uncertainty. In: *IEEE Transaction on automatic control* 41 (1996), Nr. 3, S. 436–442

[33] GHIMIRE, P. ; PEDERSEN, K.B. ; VEGA, A.R.d. ; RANNESTAD, B. ; MUNK-NIELSEN, S. ; THOGERSEN, P.B.: A real time measurement of junction temperature variation in high power IGBT modules for wind power converter application. In: *Integrated Power Systems (CIPS), 2014 8th International Conference on*, Feb 2014, S. 1–6

[34] GRADINGER, T. ; L., Yang: Fast and accurate simulation of time-variant air-cooling systems. In: *Integrated Power Electronics Systems (CIPS), 2010 6th International Conference on*, March 2010, S. 1–6

[35] GRADINGER, T. ; RIEDEL, G.: Thermal Networks for Time-Variant Cooling Systems: Modeling Approach and Accuracy Requirements for Lifetime Prediction. In: *Integrated Power Electronics Systems (CIPS), 2012 7th International Conference on*, March 2012, S. 1–6

[36] GRASSMANN, A. ; GEITNER, O. ; HABLE, W. ; NEUGIRG, C. ; SCHWARZ, A. ; WINTER, F. ; YOO, I.: Double Sided Cooled Module concept for High Power Density in HEV Applications. In: *PCIM Europe 2015; International Exhibition and Conference for Power Electronics, Intelligent Motion, Renewable Energy and Energy Management; Proceedings of*, May 2015, S. 1–7

[37] HEFNER, A.R. ; BLACKBURN, D.L.: Thermal component models for electrothermal network simulation, Sep 1994, S. 413–424

[38] HIRSCHMANN, D. ; TISSEN, D. ; SCHRÖDER, S. ; DE DONCKER, R.W.: Reliability prediction for inverters in hybrid electrical vehicles. In: *Power Electronics, IEEE Transactions on* 22 (2007), Nr. 6, S. 2511–2517

[39] HOFMANN, P.: *Hybridfahrzeuge: Ein alternatives Antriebskonzept für die Zukunft*. Springer-Verlag, 2010

[40] HOHLFELD, O. ; HERBRANDT, A.: Direct cooled modules-integrated heat sinks. In: *ETG-Fachbericht-CIPS 2012* (2012)

[41] HÜTTL, R.F. ; PISCHETSRIEDER, B. ; SPATH, D.: *Elektromobilität. Potenziale und Wissenschaftlich-Technische Herausforderungen. Unter Mitarbeit von Canzler/Weert.* 2010

[42] INFINEON: *Technische Information / Technical Information IGBT-Module F3L400R07ME4 B22.* 2013

[43] JAMES, G.C. ; PICKERT, V. ; CADE, M.: A thermal model for a multichip device with changing cooling conditions. (2008)

[44] JAMES, M.: Thermal challenges in power electronics. In: *Thermal Management in Power Electronics Systems, IEE Colloquium on*, Mar 1993, S. 1/1–1/2

[45] JELALI, M.: *Systematischer Beobachterentwurf für nichtlineare Systeme.* Univ.-GH, Meß-, Steuer- und Regelungstechnik, 1995 (Forschungsbericht / Meß-, Steuer- und Regelungstechnik)

[46] JENNI, F. ; WÜEST, D.: *Steuerverfahren für selbstgeführte Stromrichter.* vdf Hochschulverlag AG, 1995

[47] KAMPKER, A. ; VALLÉE, D. ; SCHNETTLER, A.: *Elektromobilität: Grundlagen einer Zukunftstechnologie.* Springer-Verlag, 2013

[48] KHALIL, H.K.: *Nonlinear Systems.* Third Edition. New York Dordrecht Heidelberg London : Springer Science+Business Media,, 2012

[49] KOJIMA, T. ; NISHIBE, Y. ; YAMADA, Y. ; UETA, T. ; TORII, K. ; SASAKI, S. ; HAMADA, K.: Novel Electro-Thermal Coupling Simulation Technique for Dynamic Analysis of HV (Hybrid Vehicle) Inverter. In: *Power Electronics Specialists Conference, 2006. PESC '06. 37th IEEE*, June 2006, S. 1–5

[50] KOJIMA, T. ; YAMADA, Y. ; NISHIBE, Y. ; TORII, K.: Novel RC Compact Thermal Model of HV Inverter Module for Electro-Thermal Coupling Simulation. In: *Power Conversion Conference - Nagoya, 2007. PCC '07*, April 2007, S. 1025–1029

[51] KORB, T.: *Beobachterbasierte Temperaturmodellierung von Leistungshalbleitern in Pulswechselrichtern für Elektro- und Hybridfahrzeuge mit Hilfe von linear parametervarianten Modellen für variable Kühlwasservolumenströme*, Hochschule Esslingen, Diplomarbeit, 2014

[52] LINDEMAN, A.: 6. Leistungselektronik im Elektrifizierten Antriebsstrang. In: *MTZ - Motortechnische Zeitschrift* 73 (2012), Nr. 11, S. 898–903. – ISSN 0024-8525

[53] LUNZE, J.: *Regelungstechnik 2: Mehrgrößensysteme, Digitale Regelung*. Springer-Verlag, 2012

[54] LUO, Z. ; AHN, H. ; NOKALI, M.A.E.: A thermal model for insulated gate bipolar transistor module. In: *Power Electronics, IEEE Transactions on* 19 (2004), July, Nr. 4, S. 902–907

[55] LUTZ, H. ; WENDT, W.: *Taschenbuch der Regelungstechnik*. 7. Auflage. Frankfurt am Main : Harri Deutsch Verlag, 2007

[56] LUTZ, J.: *Halbleiter-Leistungsbauelemente: Physik, Eigenschaften, Zuverlässigkeit*. Springer Science & Business Media, 2006

[57] MCCLUSKEY, F. P. ; BAR-COHEN, A.: Power electronics thermal packaging and reliability. In: *Transportation Electrification Conference and Expo (ITEC), 2013 IEEE*, June 2013, S. 1–168

[58] MICHEL, M.: *Leistungselektronik*. Springer, 1992

[59] MOHAMMADPOUR, J. ; SCHERER, C. W.: *Control of Linear Parameter Varying Systems with Applications*. 1. Auflage. New York Dordrecht Heidelberg London : Springer Science+Business Media,, 2012

[60] MURTHY, K. ; BEDFORD, R.E.: Transformation between Foster and Cauer equivalent networks, Apr 1978, S. 238–239

[61] MUSALLAM, M. ; JOHNSON, C.M.: Real-Time Compact Thermal Models for Health Management of Power Electronics. In: *Power Electronics, IEEE Transactions on* 25 (2010), June, Nr. 6, S. 1416–1425

[62] NATIONALE PLATTFORM ELEKTROMOBILITÄT: *Fortschrittsbericht 2014 Bilanz der Marktvorbereitung*. April 2015. – URL `http://www.bmwi.de/BMWi/Redaktion/PDF/F/fortschrittsbericht-2014-bilanz-der-marktvorbereitung,property=pdf,bereich=bmwi2012,sprache=de,rwb=true.pdf`

[63] OTTOSSON, J. ; ALAKULA, M. ; HAGSTEDT, D.: Electro-thermal simulations of a power electronic inverter for a hybrid car. In: *Electric Machines Drives Conference (IEMDC), 2011 IEEE International*, May 2011, S. 1619–1624

[64] PANZER, H. ; MOHRING, J. ; EID, R. ; LOHMANN, B.: Parametric model order reduction by matrix interpolation. In: *at-Automatisierungstechnik Methoden und Anwendungen der Steuerungs-, Regelungs-und Informationstechnik* 58 (2010), Nr. 8, S. 475–484

[65] PAUL, R.: Thermische Probleme bei Transistoren. In: *Transistoren.* Springer, 1965, S. 413–442

[66] REIF, K.: Bosch Autoelektrik und Autoelektronik. In: *Bordnetze, Sensoren und elektronische Systeme. Vieweg+ Teubner Verlag, sechste überarbeitete und erweiterte Auflage Auflage* (2011), S. 20

[67] REIF, K. ; NOREIKAT, K.E. ; BORGEEST, K.: *Kraftfahrzeug-Hybridantriebe: Grundlagen, Komponenten, Systeme, Anwendungen.* Springer-Verlag, 2012

[68] RUDZKI, J. ; BECKER, M. ; EISELE, R. ; POECH, M. ; OSTERWALD, F.: Power Modules with Increased Power Density and Reliability Using Cu Wire Bonds on Sintered Metal Buffer Layers. In: *Integrated Power Systems (CIPS), 2014 8th International Conference on*, Feb 2014, S. 1–6

[69] SCHEUERMANN, U. ; SCHMIDT, R. ; NEWMAN, P.: Power cycling testing with different load pulse durations. In: *Power Electronics, Machines and Drives (PEMD 2014), 7th IET International Conference on*, April 2014, S. 1–6

[70] SCHWEITZER, D.: A fast algorithm for thermal transient multisource simulation using interpolated Zth functions. In: *Components and Packaging Technologies, IEEE Transactions on* 32 (2009), Nr. 2, S. 478–483

[71] SHAMMA, J.S. ; ATHANS, M.: Gain scheduling: potential hazards and possible remedies. In: *IEEE Control Systems Magazine* 12 (1992), Nr. 3, S. 101–107

[72] SYNOPSYS, Inc.: *Saber.* July 2015. – URL `http://www.synopsys.com/prototyping/saber/pages/default.aspx`

[73] SYSKA, A.: *Produktionsmanagement*. Springer, 2007

[74] TEIGELKÖTTER, J.: *Energieeffiziente elektrische Antriebe*. Springer-Verlag, 2013

[75] TORII, K. ; KOJIMA, T. ; SASAKI, S. ; HAMADA, K.: Development of Inverter Simulation System and its Applications for Hybrid Vehicles. In: *Power Conversion Conference - Nagoya, 2007. PCC '07*, April 2007, S. 1590–1595

[76] UMWELTBUNDESAMT: *Emissionen ausgewählter Treibhausgase nach Quellkategorien*. Juli 2015. – URL http://www.umweltbundesamt.de/sites/default/files/medien/384/bilder/dateien/3_tab_emi-ausgew-thg-quellkat_2015-06-04.pdf

[77] V. o.: *Die EU-Verordnung zur Verminderung der CO2 - Emissionen von Personenkraftwagen*. April 2015. – URL http://www.bmub.bund.de/fileadmin/bmu-import/files/pdfs/allgemein/application/pdf/eu_verordnung_co2_emissionen_pkw.pdf

[78] WAGENITZ, D. ; HAMBRECHT, A. ; DIECKERHOFF, S.: Lifetime Evaluation of IGBT Power Modules Applying a Nonlinear Saturation Voltage Observer. In: *Integrated Power Electronics Systems (CIPS), 2012 7th International Conference on*, March 2012, S. 1–5

[79] WANG, K. ; LIAO, Y. ; SONG, G. ; MA, X.: Over-Temperature protection for IGBT modules. In: *PCIM Europe 2014; International Exhibition and Conference for Power Electronics, Intelligent Motion, Renewable Energy and Energy Management; Proceedings of*, May 2014, S. 1–7

[80] WANG, X. ; CASTELLAZZI, A. ; ZANCHETTA, P.: Observer based temperature control for reduced thermal cycling in power electronic cooling. In: *Applied Thermal Engineering* 64 (2014), Nr. 1-2, S. 10 – 18

[81] WARWEL, M. ; WITTLER, G. ; HIRSCH, M. ; REUSS, H.-C.: Online thermal monitoring for power semiconductors in power electronics of electric and hybrid electric vehicles. In: BARGENDE, Michael (Hrsg.) ; REUSS, Hans-Christian (Hrsg.) ; WIEDEMANN, Jochen (Hrsg.): *14. Internationales Stuttgarter Symposium*. Springer Fachmedien Wiesbaden, 2014 (Proceedings), S. 611–625. – ISBN 978-3-658-05129-7

[82] WARWEL, M. ; WITTLER, G. ; HIRSCH, M. ; REUSS, H.-C.: Real-time coolant temperature monitoring in power electronics using linear parameter-varying models for variable coolant flow situations. In: *Thermal Investigations of ICs and Systems (THERMINIC), 2014 20th International Workshop on* IEEE (Veranst.), 2014, S. 1–4

[83] WARWEL, M. ; WITTLER, G. ; HIRSCH, M. ; REUSS, H.-C.: Real-time thermal monitoring of power semiconductors in power electronics using linear parameter-varying models for variable coolant flow situations. In: *Control and Modeling for Power Electronics (COMPEL), 2014 IEEE 15th Workshop on* IEEE (Veranst.), 2014, S. 1–6

[84] WARWEL, M. ; WITTLER, G. ; HIRSCH, M. ; REUSS, H.-C.: Enhanced Online Thermal Modeling for Power Electronic Temperatures in (Hybrid) Electric Vehicles. In: BARGENDE, Michael (Hrsg.) ; REUSS, Hans-Christian (Hrsg.) ; WIEDEMANN, Jochen (Hrsg.): *15. Internationales Stuttgarter Symposium.* Springer Fachmedien Wiesbaden, 2015 (Proceedings)

[85] WECKERT, M.: Control strategy to increase semisonductor lifetime within a three-phase VSI for traction applications using an induction machine

[86] WECKERT, M.: *Neuartige Regelung eines dreiphasigen Pulswechselrichters zur Verlängerung der Lebensdauer der Leistungsmodule*, Universität Stuttgart, Dissertation, 2014

[87] WECKERT, M. ; ROTH-STIELOW, J.: Lifetime oriented control of a three-phase voltage source inverter

[88] WECKERT, M. ; ROTH-STIELOW, J.: Lifetime as a control variable in power electronic systems. In: *Emobility - Electrical Power Train, 2010*, Nov 2010, S. 1–6

[89] WECKERT, M. ; ROTH-STIELOW, J.: Chances and limits of a thermal control for a three-phase voltage source inverter in traction applications using permanent magnet synchronous or induction machines. In: *Power Electronics and Applications (EPE 2011), Proceedings of the 2011-14th European Conference on*, Aug 2011, S. 1–10

[90] WINTRICH, A. ; NICOLAI, U. ; TURSKY, W. ; REIMANN, T.: Applikationshandbuch Leistungshalbleiter ISLE (Veranst.), 2010

[91] XIAO, C. ; CHEN, G. ; ODENDAAL, W.G.: Overview of power loss measurement techniques in power electronics systems. In: *Industry Applications Conference, 2002. 37th IAS Annual Meeting. Conference Record of the* Bd. 2, 2002, S. 1352–1359 vol.2

[92] YANG, Shaoyong ; XIANG, Dawei ; BRYANT, A. ; MAWBY, P. ; RAN, L. ; TAVNER, P.: Condition Monitoring for Device Reliability in Power Electronic Converters: A Review. In: *Power Electronics, IEEE Transactions on* 25 (2010), Nov, Nr. 11, S. 2734–2752

[93] YONG-SEOK, K. ; SEUNG-KI, S.: On-line estimation of IGBT junction temperature using on-state voltage drop. In: *Industry Applications Conference, 1998. Thirty-Third IAS Annual Meeting. The 1998 IEEE* Bd. 2, Oct 1998, S. 853–859 vol.2

[94] ZACH, F.: *Leistungselektronik: Ein Handbuch Band 1*. Bd. 2. Springer-Verlag, 2010

[95] ZACHER, S. ; REUTER, M.: Regelungstechnik für Ingenieure, 13. Auflage. Vieweg+ Teubner, 2011 / ISBN 978-3-8348-0900-1. – Forschungsbericht

[96] ZHOU, Z. ; KHANNICHE, S. ; JANKOVIC, N. ; BATCUP, S. ; IGIC, P.: Dynamic Thermal Simulation of Power Devices Operating with PWM Signals in a Three-Phase Inverter Drive System. In: *Power Electronics and Motion Control Conference, 2006. EPE-PEMC 2006. 12th International*, Aug 2006, S. 100–105

Anhang

A.1 Halbbrückenmodell für asymmetrisch verteilte Verlustleistung und variablen Kühlwasservolumenstrom

Der Vollständigkeit halber widmet sich dieser Teil des Anhangs der Anpassung des Halbbrückenmodells bei asymmetrischen Verlusten an variablen Volumenfluss. Die Vorgehensweise erfolgt analog zu Kapitel 6.2.1. Wiederum wird der Parameter p_1 aus Gleichung 6.4 zur Skalierung des Wärmeübergangs $g_{HB,aV}$ bzw. $G^D_{HB,aV}$ verwendet, so dass die Dynamikmatrix als

$$A_{HB,aV,vV}(p_1) = \begin{bmatrix} K^{-D}_{HB,aV} & 0_{14,1} \\ 0_{1,14} & 1 \end{bmatrix} \begin{bmatrix} Y_{HB,aV} - p_1 G^D_{HB,aV} & p_1 g_{HB,aV} \\ 0_{1,14} & 0 \end{bmatrix} \qquad \text{Gl. 1}$$

geschrieben werden kann. Die parameteraffine Zerlegung in einen parameterabhängigen Teil und einen parameterunabhängigen Teil führt zu in folgender Dynamikgleichung

$$\begin{aligned} \dot{x}_{HB,aV,vV} =& (A_{HB,aV} + (p_1 - 1)A_{HB,aV,P1})x_{HB,aV,vV} + \\ & B_{HB,aV}u_{HB,aV}, \end{aligned} \qquad \text{Gl. 2}$$

wobei $A_{HB,aV,P1}$ durch

$$A_{HB,aV,P1} = \begin{bmatrix} K^{-D}_{HB,aV} & 0_{14,1} \\ 0_{1,14} & 1 \end{bmatrix} \begin{bmatrix} -G^D_{HB,aV} & g_{HB,aV} \\ 0_{1,14} & 0 \end{bmatrix} \qquad \text{Gl. 3}$$

definiert ist und die Ausgangsgleichung analog zu Gleichung 6.3 durch

$$y_{HB,aV,vV} = C_{HB,aV}x_{HB,aV,vV} \qquad \text{Gl. 4}$$

gegeben ist.

A.2 Parameterabhängige Matrizen des Kühlwassermodells für symmetrisch verteilte Verlustleistung und variablen Kühlwasservolumenstrom

Für die parameteraffine Darstellung gemäß Gleichung 6.16 sind die Matrizen der parameterabhängigen Einträge durch

$$A_{VB,sV,P1} = \begin{bmatrix} K_{VB,sV}^{-D} & 0 \\ 0 & 1 \end{bmatrix} \cdot$$

$$\begin{bmatrix} -G_{HB,sV}^{D} & 0_{8,8} & 0_{8,8} & g_{HB,sV} & 0_{8,1} & 0_{8,1} & 0_{8,1} \\ 0_{8,8} & -G_{HB,sV}^{D} & 0_{8,8} & 0_{8,1} & g_{HB,sV} & 0_{8,1} & 0_{8,1} \\ 0_{8,8} & 0_{8,8} & -G_{HB,sV}^{D} & 0_{8,1} & 0_{8,1} & g_{HB,sV} & 0_{8,1} \\ g_{HB,sV}^{T} & 0_{1,8} & 0_{1,8} & -G_{HB,sV}^{S} & 0 & 0 & 0 \\ 0_{1,8} & g_{HB,sV}^{T} & 0_{1,8} & 0 & -G_{HB,sV}^{S} & 0 & 0 \\ 0_{1,8} & 0_{1,8} & g_{HB,sV}^{T} & 0 & 0 & -G_{HB,sV}^{S} & 0 \\ 0_{1,8} & 0_{1,8} & 0_{1,8} & 0 & 0 & 0 & 0 \end{bmatrix} \quad \text{Gl. 5}$$

und

$$G_{HB,sV}^{S} = \sum_{i=1}^{8} g_{HB,sV}(i) \quad \text{Gl. 6}$$

$$A_{VB,sV,P2} = \begin{bmatrix} K_{VB,sV}^{-D} & 0 \\ 0 & 1 \end{bmatrix} \cdot \begin{bmatrix} 0_{24,24} & 0_{24,1} & 0_{24,1} & 0_{24,1} & 0_{24,1} \\ 0_{24,1} & -G_{fl} & 0 & 0 & G_{fl} \\ 0_{24,1} & G_{fl} & -G_{fl} & 0 & 0 \\ 0_{24,1} & 0 & G_{fl} & -G_{fl} & 0 \\ 0_{24,1} & 0 & 0 & 0 & 0 \end{bmatrix} \quad \text{Gl. 7}$$

beschrieben.

A.3 Kühlwassermodell für asymmetrisch verteilte Verlustleistung und variablem Kühlwasservolumenstrom

Die Vorgehensweise aus dem Kapitel 6.3.1 wird in diesem Anhang auf das erweiterte Kühlwassermodell mit asymmetrischen Verlusten angewendet. So ist die parameterabhängige Dynamikmatrix durch

$$A_{VB,aV,vV}(p_1,p_2)=\begin{bmatrix} K_{VB,aV}^{-D} & 0 \\ 0 & 1 \end{bmatrix}\cdot$$

$$\begin{bmatrix} Y_{HB,aV}^{p_1G} & 0_{14,14} & 0_{14,14} & p_1 g_{HB,aV} & 0_{14,1} & 0_{14,1} & 0_{14,1} \\ 0_{14,14} & Y_{HB,aV}^{p_1G} & 0_{14,14} & 0_{14,1} & p_1 g_{HB,aV} & 0_{14,1} & 0_{14,1} \\ 0_{14,14} & 0_{14,14} & Y_{HB,aV}^{p_1G} & 0_{14,1} & 0_{14,1} & p_1 g_{HB,aV} & 0_{14,1} \\ p_1 g_{HB,aV}^T & 0_{1,14} & 0_{1,14} & -G_{aV,vV}^S & 0 & 0 & p_2 G_{fl} \\ 0_{1,14} & p_1 g_{HB,aV}^T & 0_{1,14} & p_2 G_{fl} & -G_{aV,vV}^S & 0 & 0 \\ 0_{1,14} & 0_{1,14} & p_1 g_{HB,aV}^T & 0 & p_2 G_{fl} & -G_{aV,vV}^S & 0 \\ 0_{1,14} & 0_{1,14} & 0_{1,14} & 0 & 0 & 0 & 0 \end{bmatrix} \quad \text{Gl. 8}$$

beschrieben, wobei die Definitionen

$$Y_{HB,aV}^{p_1G}=Y_{HB,aV}-p_1 G_{HB,sV}^{D} \quad \text{Gl. 9}$$

$$G_{aV,vV}^S=p_2 G_{fl}+p_1\sum_{i=1}^{14} g_{HB,aV}(i) \quad \text{Gl. 10}$$

vergleichbar zu den Gleichungen 6.13 und 6.14 gegeben sind.

Mit der parameteraffinen Darstellung kann die Dynamikgleichung als

$$\dot{x}_{VB,aV,vV}=\overbrace{\left(A_{VB,aV}+(p_1-1)A_{VB,aV,P1}+(p_2-1)A_{VB,aV,P2}\right)}^{A_{VB,aV,vV}(p_1,p_2)}x_{VB,aV,vV} \quad \text{Gl. 11}$$
$$+B_{VB,aV}u_{VB,aV}$$

Printed in the United States
By Bookmasters